提供科学知识
照亮人生之路

青少年科学启智系列

益智化学

刘广定◎主编

長春出版社

全国百佳图书出版单位

图书在版编目(CIP)数据

益智化学 / 刘广定主编. —长春：长春出版社，2013.1
(青少年科学启智系列)
ISBN 978-7-5445-2618-0

Ⅰ. ①益… Ⅱ. ①刘… Ⅲ. ①化学—青年读物
②化学—少年读物 Ⅳ. ①06—49

中国版本图书馆 CIP 数据核字（2012）第 279816 号

著作权合同登记号 图字：07-2012-3843

益智化学
本书中文简体字版权由台湾商务印书馆授予长春出版社出版发行。

益智化学

主　　编：刘广定
责任编辑：王生团
封面设计：王　宁

出版发行：長春出版社　　总编室电话：0431-88563443
发行部电话：0431-88561180　　邮购零售电话：0431-88561177
地　　址：吉林省长春市建设街 1377 号
邮　　编：130061
网　　址：www.cccbs.net
制　　版：长春市大航图文制作有限公司
印　　制：沈阳新华印刷厂
经　　销：新华书店

开　　本：700 毫米×980 毫米　1/16
字　　数：118 千字
印　　张：13
版　　次：2013 年 1 月第 1 版
印　　次：2013 年 1 月第 1 次印刷
定　　价：23.50 元

如有印装质量问题，请与印厂联系调换　联系电话：024-25872814 转 2050

序

化学的起源最早或许可以追溯到中世纪的炼金术。德国伟大的化学家李比希曾经说过:“炼金术实质就是化学。”尽管直到17世纪以前，化学几乎算不上是一门科学，但是炼金术、冶金术及医药制作对化学这门学科的发展无疑起到了促进作用。被称为“化学之父”的英国著名化学家波义耳把严密的实验方法引入化学研究,使化学成为一门实验科学，从此化学从炼金术和医学中分离出来，成为一门独立的科学。继波义耳之后，在这个学科中涌现出了一批优秀人物，如德国化学家塔法尔、法国化学家拉瓦锡、俄国化学家门捷列夫、美国化学家鲍林等。他们用自己的聪明才智和努力工作不断地更新着这门科学的发展水平。

时至今日，从波义耳算起已有350多年的发展历史，这门学科的发展已根深叶茂，形成许多学科分支。

化学是一门有趣且内容丰富的学科，它不仅能教给青少年许多重要的科学知识，也能吸引青少年探索科学知识的兴趣。由于化学这门科学进展迅速，积淀深厚，这就要求青少年既要学习传统的基础知识，又要了解最近的尖端知识。本书以科学教育为理念，选择了22篇文章，以飨读者。这22篇文章可分为三类：一为基础化学知识，包括与生活相关的染烫发剂、热敷包与冷敷包的原理、三聚氰胺、三酸甘油酯、稀有气体化合物、活化能与低限能、低熔点金属与纳米新世界等八篇文章。二是与光电有关的化学，包括液晶、电池、发光二极体、光触媒等十篇介绍光电科学的化学原理与应用。三是与生质能源有关的化学，共四篇。这些问题教读者从不同的角度看问题，对于培养青少年对学习化学的好奇心，提高青少年的思维能力都具有积极意义。

由于本书各篇文章由不同作者写成，难免有少数重复之处，请读者原谅。

编　者

目 录

纳米尺度的美丽新世界

□王文竹

1959年，诺贝尔奖得主理查·费曼（Richard P. Feynman）在美国物理学会的年会上，以“往下还大有可为”（There is plenty room at the bottom）为题的演讲中，提出了操作控制极小物质的概念。他说：“何不把二十四卷的大英百科全书写在一个针尖上呢？”经过计算，这是可行的，只要缩小到原来的二万五千分之一就可以了。这么小的物质大约就是一些原子团簇或分子了，这就是纳米科学的滥觞。

1981年，还是麻省理工学院研究生的艾立克·德莱斯勒（Eric Drexler）提出了分子机械的观念。他设计了一系列以分子自我组装的各式零件及机械，甚至于构思了工作母机的观念，以此小机器自动制造出另一批机器。

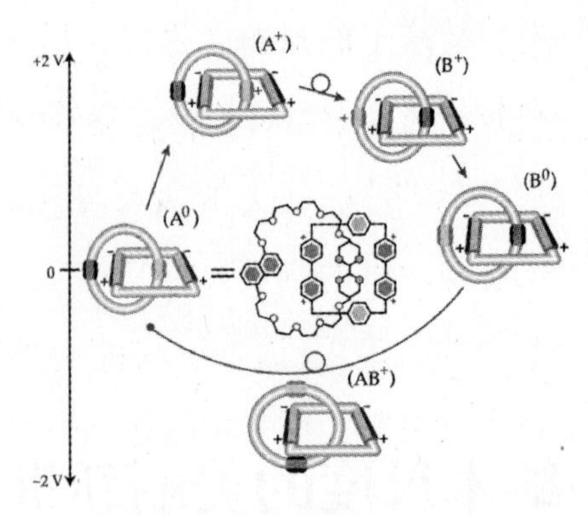

图 1　分子电子学里的分子开关示意图。中间的套环分子左右有不同的官能基，可以控制其于方框分子中的状态，达到开关的功能。

1970 年代，化学家发现了有机物的“金属”，也就是由有机材料制备成的导体、半导体及超导体。这个领域的发展非常快速，2000 年的诺贝尔奖就是颁给发现导电高分子的白川英树、希格及麦克戴密三人。美国西北大学的瑞特纳（Mark A.　Ratner）于 1970 年代即提出可以用有机分子制造整流器的观念，这是分子电子学的肇始，Moletronics 就是由 Molecular Electronics 合并而成的新字，但是直到 1990 年代，有了原子力显微镜的发明，这方面的研究才蓬勃发展开来。1997 年南卡罗莱那大学的突尔（James Tour）教授，真正量测到夹于两个金电极间的分子，才有了单分子的电子学性质探讨。

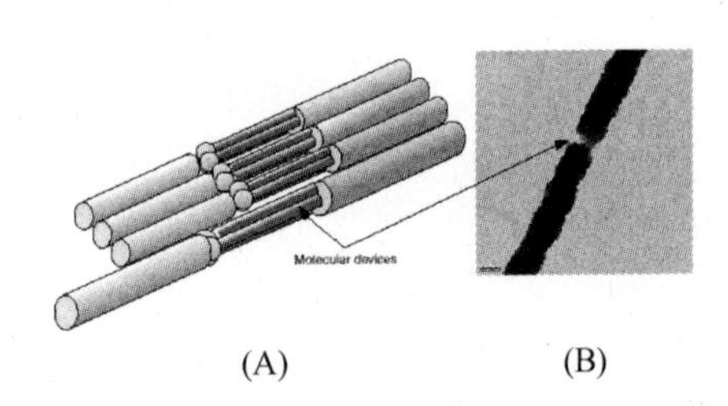

(A)　　(B)

图 2（A）分子电子元件中的分子接线示意图；（B）电子显微镜下的分子接线。

传统上的材料，是以块材（Bulk Material）为主，随着科技的进步，当材料个体逐渐缩小，或者组成材料的成分颗粒逐渐缩小，进入介观尺度（Mesoscale，即介于原子分子尺度与块材的巨观尺度间）后，其物理及化学性质就产生了革命性的改变，原有材料进入介观尺度后就等同于全新的材料，这个令人惊奇的美丽新世界，就是纳米科学与技术。

纳米是什么

一位新时代的农民，冲入粮食种子行急切地问：“老板，有没有最新品种的纳米？好像很热门喔！”虽是笑话，其实绝大多数人都不清楚纳米是什么！纳米就是 10^{-9} 米，是一米的十亿分之一，它是一个长度单位，由英文 Nanometer 译来的。人的身高约为一米多，其千分之一即为毫米，其百万分之一即为微米。原子的大小约为 0.2 纳米，例如硅、铝、钙的原子半径分别为 0.117、0.143、0.197 纳米。分子由原子组成，所以其大小约为纳米尺度，例如 DNA 分子的双螺旋结构直径约为 2.5 纳米，烟草病毒直径约为 18 纳米。纳米科学与技术就是研究介于 1 — 100 纳米物质的性质及操控其排列组装的学问。为什么近二十年来，这个领域有突出的发展呢？我们大约可以从下列数个方向，探讨其长足进步的驱动力。

研究工具的进步

近年来,各种可以达到原子尺度解析力的仪器发展甚快，高解析度扫描隧道显微镜（STM)、原子力显微镜（AFM)、扫描探针显微镜（SPM）等，使我们可以直接观察原子分子，并且操控其排列。电脑模拟的硬件及软件进步，亦使得性质研究大幅增快。

合成技术的进步

化学家的合成能力，在 20 世纪有惊人的进步，从早期乱枪打鸟般合成一些分子，到今天根据设计，取得特定结构与性质的分子，已近于指定合成之境，像维生素 B_{12} 的合成、超分子的合成、孔洞材料的合成，真是不胜枚举。

介观物理化学的了解

近年来，发现一些介于分子与块材物质的特异物理化学性质，并进行了一些基础性的探讨，不论是光学、电学、磁学、热学、化学、生物学、机械性质等都大不相同，激发了更大的构想与企图。

纳米材料的分类

纳米材料是指尺度介于 1 — 100 纳米（nm）的材料，从广义上说，纳米材料是指材料的三维空间中，至少有一维是处于纳米尺度范围，或者由它们作为成分的基本单元，由其所构成的材料。较严格的定义是除了材料尺度进入纳米量级外，同时还展现出许多特异性质，有表面效应、量子尺寸效应、量子穿隧效应等，才称为纳米材料。

按纳米材料三维空间的尺度分类，可以区分为零维、一维及二维纳米材料。

零维纳米材料

指一种材料，其三维尺度均在纳米量级，如纳米微粒、量子点、原子簇等。原子簇是指数个至数百个原子的聚集体，它可以是一元的，如铁、铂等；可以是二元的，如硫化铜、硫化银、磷化铟等；也可以是三元的，如钡铁氧化物、钛酸锶等。如果上述原子簇再与其他分子以配位化学键结合，可以形成化合物原子簇。这些原子簇中以碳原子簇（Carbon Cluster）最为大家所熟知，也就是富勒烯（Fullerene），化学命名为芙，它是由一群碳原子组成的，C_{60}、C_{70}、C_{84}、C_{92}、C_{120}……看起来你好像不认识它，其实在你写毛笔字用的墨中，就含有芙。

纳米微粒是比原子簇大的材料，它是介于原子和固态块材之间的原子集合体。日本名古屋大学上田良二教授所给的定义是：用电子显微镜（TEM）能看到的微粒。早在1861年建立胶体化学时就开始了这方面的研究，但真正有效对个别的纳米微粒进行深入研究，则是近三十年的事。

人造原子有时称为量子点，这是约十年前提出来的一个

新观念。人造原子和真正原子有很多相似的地方，例如人造原子的能阶是不连续的，电荷也是不连续的，电子也存在于不同轨

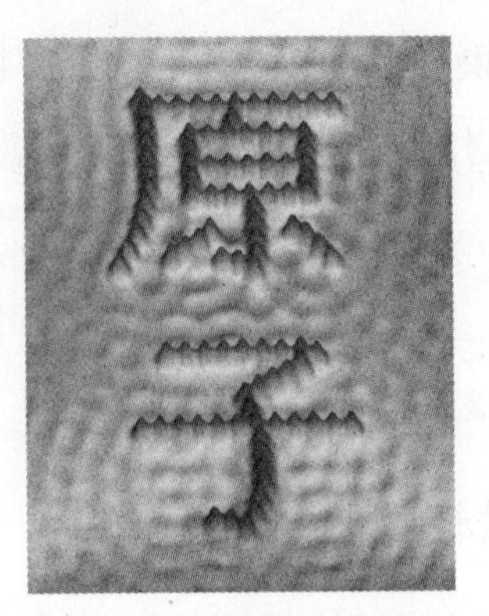
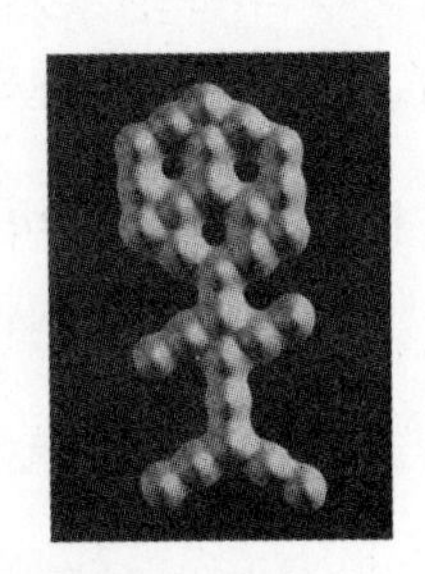
图3　以原子排列的纳米字“原子”及所绘的人形

道中，可以用薛定谔方程式处理，并遵循罕德（Hund）法则及泡利（Pauli）原理。但人造原子仍有很多与真正原子不同的性质，例如人造原子是由一定数量的原子组成的，它具有多种形状和多样的对称性，而真正原子通常用球形来描述。人造原子的电子间的交互作用强而且复杂，随着原子数目的增加，其电子轨道的能阶差变小，使电子处于抛物线形状的位能井中，当加入一个电子或取出一个电子时，很容易引起人造原子的电荷涨落，这个现象是设计单原子电晶体的物理基础。

零维纳米材料具有很高的比表面积，使它具有极高的化学活性及催化性质。其电子波函数的相干长度和人造原子的尺度相近，使电子的传导亦表现出波动的特性，而具有电导涨落起伏及非定域电导等性质，电子传导产生量子化现象之巨观量子效应。相对的，不论光、电、热、磁、声等方面，均表现截然不同的性质。

一维纳米材料

一维纳米材料是指一个材料，其三维尺度中，有二维均在纳米量级，依其结构及形状，可以分别称为纳米棒、纳米棍、纳米丝、纳米线、纳米管及纳米轴缆等。长度与直径比率小的叫做纳米棒，其比率大的叫做纳米丝，其界限并没有统一的标准，大约是以其长度亦在纳米尺寸者称为棒。如果是由半导体或金属所构成的纳米线，通常亦称其为量子线。一维纳米材料的某些性质与其长度、直径的比率有强烈的相关性，所以控制此比率是合成上的一大挑战。

在一维纳米材料中，研究最多，也是最有潜力可以上市应用的，就是纳米碳管了。除了纳米碳管外，还有大量的其他一维纳米材料合成出来，例如各种碳化物（TiC、SiC、NbC、Fe_3C、BC_x等）的纳米线，各种氮化物（GaN、Si_3N_4、Si_2N_2O、Si_2N_4等）的纳米丝，其他如 MgO、InAs、GaAs 纳米丝，ZnO 纳米带等。如果将上述的纳米丝再做处理，使其表面被覆一层或多层的异质纳米壳层，就成了纳米同轴缆线，例如以碳化硅纳米丝经过氧化高温处理后，就形成了二氧化硅包覆着碳化硅的同轴缆线了。相反的，亦可以在已制备完成的纳米管中，填充另一异质材料，亦可形成纳米同轴缆线，例如碳纳米管中可以填充铅、铜等金属，又如先制备多孔的氧化铝模板，再将其他材料反应填入孔洞中，亦可制备得纳米同轴缆线。

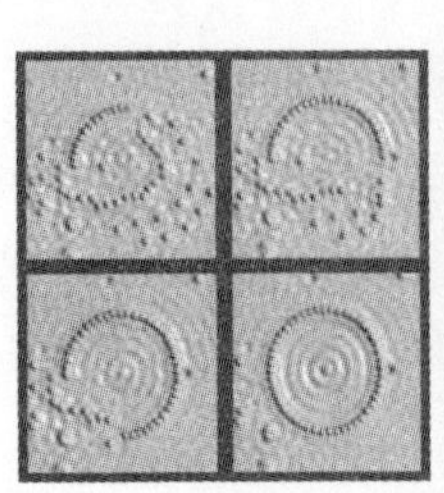

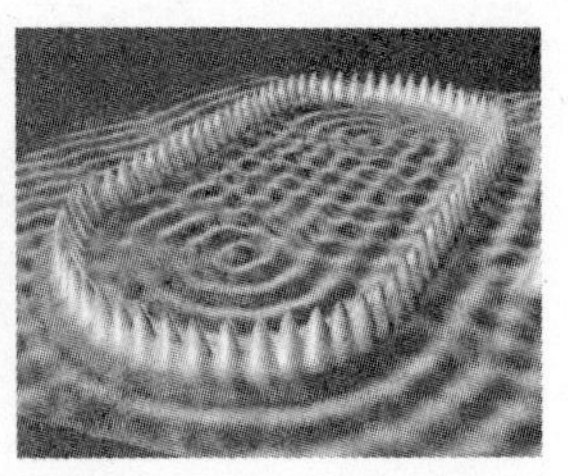

图4　以铁原子排列出图形（1 – 4）。侧视放大后可清楚看见电子在其图内形成稳定的驻波。

二维纳米材料

二维纳米材料是指只有一个维度的尺寸在纳米尺度范围内，当然这就是薄膜了。这方面的科学与技术算是较成熟的，例如镜片上镀的反射薄膜、二极体激光材料的多层膜均是。但是在可操控条件下，形成预设的分子排列模式，却仍然是一个尚待解决的问题。因为它是要分子排列，或站立、或斜倚、或躺下，就非得靠分子自身的力量不行了。自组单分子膜（Self-Assembly Monolayer，简称 SAM）或自组分子多层膜（Self-Assembly Multilayer）就成为现今热门且极重要的题目了。当然，纳米材料可以由另一个角度去做分类，那么纳米材料可以包括：纳米物理学、纳米化学、纳米生物学、纳米材料学、纳米电子学、纳米机械学、纳米加工学等范围。

纳米材料的特异本质

这些新颖的纳米材料，拥有特异的光、电、热、磁、声、化学、生物学等性质，但为什么纳米材料有这么神奇的表现？我们可以从其基本的物理效应做个初步了解。当材料进入了 1 — 100nm 的纳米量级后，其尺寸变小，因而引致了一些基本物理效应，造成巨观物理、化学性质的革命性变化。纳米材料具有的表面效应、小尺寸效应、量子尺寸效应及巨观量子穿隧效应，可说是其荦荦大端。

小尺寸效应

物质内或物质间存在着各种作用力，作用力大小均与其距离相关，例如万有引力与电磁力都和距离平方成反比。另一方面，长度亦是基本的物理量，例如电磁波的波长、物质波（或德布罗意波）的波长、超导体的库柏电子对的相干长度等。我们取一块材料来，从中间的一个原子出发，越过一个又一个原子，就算走过一百万个原子，也还不超过一毫米，还是远小于一个块材，所以我们可以把一个原子或分子当成一个单元，有其势能阱，再以周期性势能阱的方式处理，其性质就可以表现出来了。此时，上述的物理作用距离与块材长度相比就毫不影响了。但在纳米材料时，其颗粒极小极小，和物理作用力的相干长度甚为接近，则周期性的边界条件将被破坏，电子的行为当然迥异于块材了。这就像是我们站在地球上，并不觉得地球是圆的，因为人比起地球是太小了，但若一个人站在一个大龙球上，其交互作用就不同了，只有马戏团或杂耍特技人士才可以站在上面，人一走动，球就跟着滚动。

表面效应

取个金块来看，绝对多数的金原子是包在里面的，位于表面的金原子是微乎其微的。但若把这块金子切细成纳米颗粒，表面上的原子和包覆于内部的金原子的比例，就明显地增加了。以铜为例来说，1 纳米的铜微粒，大约有 99%的原子是位于表面的，其比表面积约为 $660m^2/g$，如果是 10 纳米的铜粒，约有三万个原子，其表面原子占有 20%，比表面积为 $66m^2/g$，若为 100 纳米的铜粒，则其比表面积缩减至 $6.6m^2/g$，表面原子的比例就已经很小很小了。包覆于内部的原子，其上下左右前后都有其他原子紧邻，就比较稳定，但在表面的原子，可能站在面上、棱上或者角上，前不着村后不着店的悬着，当然就极不稳定，会有很高的活性，很容易和其他的原子分子结合，此种趋势可以用比表面积能来表示，铜微粒的尺寸为 1 纳米、10 纳米及 100 纳米，其比表面积能分别为 5.9×10^4、5.9×10^3、5.9×10^2J/mol。表面原子数目大量增加，并占有优势的比例，则其高活性就主宰着这个材料的物理化学性质。

量子尺寸效应

原子分子的世界当然受量子力学的规范，块材内的电子行为亦由其制约。例如金属费米能阶附近的电子能量是连续的。当粒子尺寸下降到某一数值时，费米能阶附近的电子能量由准连续状态变为离散的不连续能阶。另外，在半导体的纳米颗粒时，它的填满电子的最高被占据分子轨道（Highest Occupied Molecular Orbital，简称 HOMO）和没有电子的最低未占据分子轨道（Lowest Unoccupied Molecular Orbital，简称 LUMO）是不连续的，此种能阶变宽，变成不连续的现象，均称为量子尺寸效应。对块材物体而言，它有无限个原子，导电的电子数 N 亦可视为无限大，则其能阶间距 δE 趋近于零。对纳米微粒而言，其原子数有限，导电的电子数 N 值亦很小，它就导致δE值不为零而有一定的值，即能阶间距发生分裂。当此一能阶间距δE 大于诸如热能、磁能、电能、光能，或如超导态的凝聚能时，引起物理化学性质的剧变，就必须考虑其量子尺寸效应了。

巨观量子穿隧效应

量子力学以几率处理具有波粒二相性的物质，在微观上，此种粒子有贯穿能障的能力，而出现于能障之外，就像是隔山打牛般，称为穿隧效应。近年来，发现了许多巨观的物理量，如颗粒的磁化强度、量子干涉器中的磁通量等，亦具有穿隧效应，称为宏观量子穿隧效应。近年已有多次的诺贝尔物理奖颁给这个领域的学者。在纳米材料中，因为具有极小尺寸，所以普遍存在这些现象，巨观量子穿隧效应成为纳米材料中重要的基本物理效应。

纳米材料的特异性质

纳米材料具有上述的一些物理效应，使其光、电、磁、热、声、力及化学等性质，有全然不同于块材的表现，这些特异性质遍布于各个领域，几乎是一种革命性的变化，到处令人惊异。

纳米微粒的颗粒小、表面原子多、表面能高、表面原子配位不全、活性增大，使得它的熔点、烧结温度、结晶化温度均比一般粉体低得很多。例如金的熔点为 1064 ℃，但 2 纳米的金颗粒熔点为 327 ℃；银的熔点为 900 ℃，但纳米银粒在 100 ℃就熔化了；铅的熔点为 327 ℃，但 20 纳米的铅粉，其熔点为 15 ℃。以电子显微镜观察 2 纳米的金粒，其晶形不断地变化，从单晶到复晶，孪晶之间连续地转变，这像熔化又不是熔化的相变，有人便提出准熔化相之观念。

纳米颗粒的尺寸与物理相关的特征量相近时，其交互作用的纳米特性就强烈地表现出来。以电磁波的反射为例，金属具有导电的自由移动电子，亦具宽频带的强吸收，所以具有金属光泽，表示出其对可见光范围的波长有不同的吸收和反射能力；当尺寸缩小到纳米量级时，其反射率却大为降低，像铂纳米粒子及金纳米粒子的反射率分别只有 1%及 10%，所以都变成黑色的了。

纳米颗粒具有量子尺寸效应，其费米能阶附近的能量成不连续状态，其能距和纳米粒子的大小是相关的，所以其吸收电磁波的频率亦随之改变，控制颗粒尺寸就控制了它的吸收带位移，因此，可用以制备一定频宽的电磁波吸收材料，是特佳的电磁波屏蔽材料，隐形飞机即其应用之一。基本上，纳米微粒与块材相比，具有吸收频带宽化和强化，以及吸收频率增高的蓝位移现象。纳米金粒就不是金黄色而是红色的，而且可以随大小变色就是一例。

除了吸光及反射的变化之外，材料的发光性质更全然改变了，一般块材是不发光的材料，制成纳米微粒后成为发光材料，硅就是最好的例子。硅是光导体材料的国主，雄霸天下。但遇到要发光时，就只好退避三舍，拱手让给其他原子了，像发光二极体、半导体激光都是Ⅲ至Ⅴ族的天下。灰头土脸（它是灰色的）的硅，在进入纳米世界后，从暗淡无光，重新取得发光权，增加了它的光彩，6 纳米大小的硅在室温下可以观察到 800 纳米的淡淡的红光，勉强延伸到可见光的边缘。在多孔性的硅材料上，就确实看到红色的光，虽然其机理仍未明确，但可能是孔洞在 2 纳米左右所表现之结果，硅总算是发光成功了！当然，要大放光彩是仍需努力的事。

认识生质能源

□刘广定

联合国为了应对日益严重的环境污染与资源匮乏问题，由前挪威总理布伦特兰（Gro Harlem Brundtland）女士为首，组成“世界环境与发展委员会”（WCED）以谋求解决之道。据其1987年的报告书，永续发展的定义是：“一个满足目前的需要而不危害未来世代，满足其需要之能力的发展”；虽然最初的重点是就工业而言，但渐形成国际文明中之重要思潮，也是人类追求的方向。1993年，联合国又成立了“永续发展委员会”（UNCSD），主掌宣导与推展，除了加强人们认识自然、保护环境的观念外，并采取积极态度，以创新的发明及设计来促成世界进步，使环境、经济和人类社会得以同时永续发展。

维持永续世界的主要问题有六个，包括：人口增长、能源匮乏、气候异变、资源枯竭、粮食供应、环境毒物等，皆与化学及化学工业息息相关，“永续化学”（sustainable chemistry 或 Nachhaltige Chemie）观念由此而生。1998 年，国际经济合作暨发展组织（OECD）主办一场研习会，乃以“发明、设计和利用化学产品和化学制程，以减少或消除有害物质的使用与生产”为永续化学的定义。也可说是借化学原理之探索、化学工程之实践，促成人类的永续发展。

可再生性能源的提出

在 2007 年 1 月就任美国耶鲁大学讲座教授，前美国环保署的艾纳斯塔（Paul T. Anastas）博士曾于 1998 年和波士顿马萨诸塞大学的华纳（John C. Warner）教授列出“永续化学十二原则”，第七项为“只要技术可行并符合经济效益，应使用可再生性（renewable）原料”。

2003 年，艾纳斯塔博士又和密西根大学的齐默曼（Julie Zimmerman）博士提出了永续工程（green engineering）十二原则，其末项也强调使用可再生性的能源及物料，这些原则现已为化学界与化学工程界普遍接受。其中，所谓可再生性能源包括自然界供给不断者，如日光、风和水力等，以及可于较短期内形成者，如植物的油脂、纤维、淀粉等；惟一般人对后者了解不多，且常有误解。

《论语》有云："知之为知之，不知为不知，是知也。"故若虽不知也不强以为知，而愿虚心求知，不知并不为患。但麻烦的是，有些人强以不知为知，自以为是，或信无知者之谰言，却不肯听信知者之建言。

生质燃料好处多吗

上文已述及，永续世界面对的当前难题包括了能源和气候，两者又密切关联。一般燃烧煤、石油、天然气等化石燃料，会造成空气污染与温室效应，而这些化石燃料可能到2050年即将用罄。故尝试利用可不断新生的生质物（biomass）为来源以制生质燃料（biofuel）开发生质能源，是为永续化学的发展主题之一。

生质物是指活体或死亡不久的有机体和一些代谢产物，如牛、马粪等。从生质物得到的燃料称为生质燃料，可为固、液、气体等不同形态，皆属可再生性能源。上古人"燧人氏"钻木取火，即是利用固体的生质燃料。各科技先进国且早已进行各方面的研发，近年来以液体生质燃料的进展为最快，其中生质乙醇（bioethanol）和生质柴油（biodiesel）等皆已广泛利用。

很多人认为使用生质燃料，除了可代替部分化石燃料以延长其使用期，还有减少产生二氧化碳，或吸收大气中二氧化碳、燃烧后排放更干净的气体等优点。也有人以为，生质燃料产生的能量比化石燃料为多，但实际上并不尽然。

生质乙醇的优缺点

生质乙醇是由植物或一般农作物，将所含的蔗糖，或将他种糖类分子如淀粉、纤维素，先分解成为葡萄糖，再经酵母发酵制成的乙醇。将之与汽油掺和，可直接用为燃料，有人称之为汽醇（gashol）。巴西于 1970 年代试用成功，乃大量生产甘蔗，制造乙醇，其政府规定汽车燃料中，乙醇含量须达 22%（称为 E22）。美国则以生产过剩的玉米制造乙醇，推广使用含乙醇 10%的汽油（称为 E10）；中国有些省份也仿效推广使用 E10 汽油。理论上，含乙醇的汽油虽较节省石油，但不是更好的燃料，因为乙醇燃烧所产生的热量不比汽油（碳氢化合物）高。

燃烧热的定义，是每一摩尔物质与氧作用燃烧后所释放的能量，单位为千卡 / 摩尔（kcal/mol）或千焦 / 摩尔（kJ/mol）。以含碳、氢、氧的有机化合物（$C_xH_yO_z$）而言，燃烧后产生 x 摩尔的气态 CO_2 与 $y/2$ 摩尔的液态 H_2O，并放出热量，即燃烧热（ΔH_c^0）：

$$C_xH_yO_z + (x + y/4 - z/2)\ O_2 \longrightarrow xCO_{2(g)} + (y/2)\ H_2O_{(l)} + \Delta H_c^0$$

也就是说，每一个碳都氧化成为 CO_2，每两个氢都氧化成为 H_2O，燃烧热的大小与分子的化学结构有关。异构物越稳定者生成热（ΔH_f^0kcal/mol）愈大而燃烧热愈小，例如：

$$8C_{(石墨)} + 9H_{2(g)} \longrightarrow C_8H_{18} + \Delta H_f^0$$

正辛烷（l） − 250.1

异辛烷（l） − 259.2

$$C_8H_{18} + 12.5O_2 \longrightarrow 8CO_{2(g)} + 9H_2O_{(l)} + \Delta H_c^0$$

正辛烷 $_{(l)}$ − 5471

异辛烷 $_{(l)}$ − 5461

亦即，就稳定性而言：正辛烷＜异辛烷；就燃烧热而言：正辛烷＞异辛烷。

化合物分子中，碳的氧化态越高，则氧化释放出来的能量越少，燃烧热越小。分子若含相同的碳、氢原子数，含氧多者则燃烧热（kJ/mol）小。例如，乙烷（C_2H_6，1560.7）＞乙醇（C_2H_6O，1366.8）＞乙二醇（$C_2H_6O_2$，1189.2）；丙烯（C_3H_6，2058.0）＞丙酮（C_3H_6O，1789.9）＞乙酸甲酯（$C_3H_6O_2$，1592.2）。所以，作为燃料时的燃烧效果是碳氢化合物最好，醇类次之，羰基化合物再次，酯类更差。

再若比较乙醇和辛烷可知：4 摩尔乙醇的燃烧热为 5467.2 kJ/mol，约等于燃烧热为 5471 kJ/mol 的 1 摩尔正辛烷，或燃烧热为 5461 kJ/mol 的 1 摩尔异辛烷。但 4 摩尔乙醇体积占 233 毫升，比 1 摩尔正辛烷（密度 0.698 g/mL）或异辛烷（密度 0.688 g/mL）的 165 毫升多了 40%；这是用乙醇为燃料的一项缺点。

上述燃烧热乃纯物质的理论值。实用上，常以百万焦／千克（MJ/kg）或百万焦／升（MJ/L），也有用英热单位／磅（BTU/lb）表示某种混合燃料的“热值”。且因燃烧生成的水会吸收热量变成气体，故实际产生的热值较上述的燃烧热为小。不同类燃料产生的有效热量不同，同类燃料因为燃烧方式（如内燃机种类）不同，产生的有效热量也不同。

但有一种说法是，植物生长需要吸收 CO_2，故可减低大气中 CO_2，对解决温室效应问题有帮助。惟这种说法可待商榷，盖植物生长吸收的 CO_2，燃烧时也会释放，能抵消多少，实难估计。但有一事实却常为人所忽略，即葡萄糖分子因酵母菌进行酵解反应时，先分解产生两分子丙酮酸（pyruvic acid），丙酮酸再作用产生两分子乙醇，同时放出两分子 CO_2，也就是说制造生质乙醇时，每生成1摩尔的乙醇，就必有1摩尔 CO_2 伴生：

$$C_6H_{12}O_6 \longrightarrow 2CH_3COCO_2H + 4H^+ \longrightarrow 2C_2H_5OH + 2CO_2$$

换言之，4摩尔乙醇燃烧前后，总共释放了12摩尔 CO_2。与辛烷相比，乙醇不但占有体积较大，释放 CO_2 也较多。另外，乙醇有吸水的特性，如何除水及如何防水，皆须特别处理。故就燃料的观点来看，除了可以减少石油等化石能源的消耗量外，生质乙醇并无其他优点。

生质柴油的优缺点

柴油是指石油分馏，沸点300℃以上的馏分，主成分是含 15 个碳以上的碳氢化合物，一般为卡车、大型车动力燃料所用。所谓生质柴油，是 1980 年代首次由南非发展成功的石油燃料代用品，乃将组成向日葵籽油内的脂肪酸甘油酯成分，经过碱性触媒酯交换反应，而和甲醇形成的脂肪酸甲酯混合物（fatty acid methyl esters，简称 FAME）（图 5）。

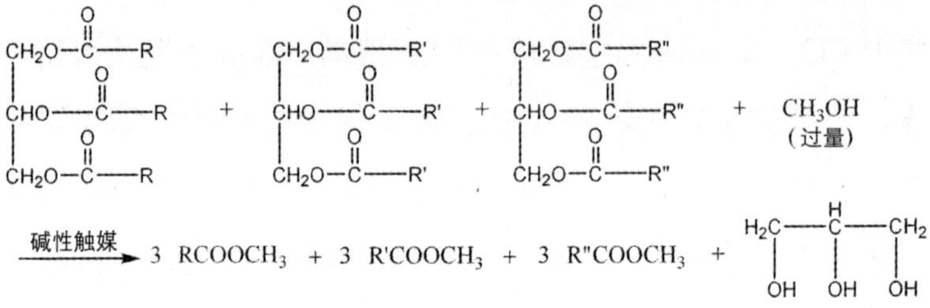

$$CH_2O\text{-}CO\text{-}R,\ CHO\text{-}CO\text{-}R,\ CH_2O\text{-}CO\text{-}R \;+\; CH_2O\text{-}CO\text{-}R',\ CHO\text{-}CO\text{-}R',\ CH_2O\text{-}CO\text{-}R' \;+\; CH_2O\text{-}CO\text{-}R'',\ CHO\text{-}CO\text{-}R'',\ CH_2O\text{-}CO\text{-}R'' \;+\; \underset{\text{（过量）}}{CH_3OH}$$

$$\xrightarrow{\text{碱性触媒}} 3\ RCOOCH_3 + 3\ R'COOCH_3 + 3\ R''COOCH_3 + H_2C(OH)\text{-}CH(OH)\text{-}CH_2(OH)$$

图 5

1989 年奥地利以油菜子油为原料，建立了全球第一家制造生质柴油的工厂。1990 年代起，其他一些欧洲国家和美国也纷纷由植物油或动物脂肪生产脂肪酸甲酯，混入一般柴油中出售。也有人考虑将废弃的回收食用油制作生质柴油。但回收的食用油里，常含有脂肪酸甘油酯因水解形成的脂肪酸（图 6），在进行碱性触媒酯交换反应时，脂肪酸不但会破坏碱性触媒，也无法与甲醇酯化形成甲酯。虽改用酸

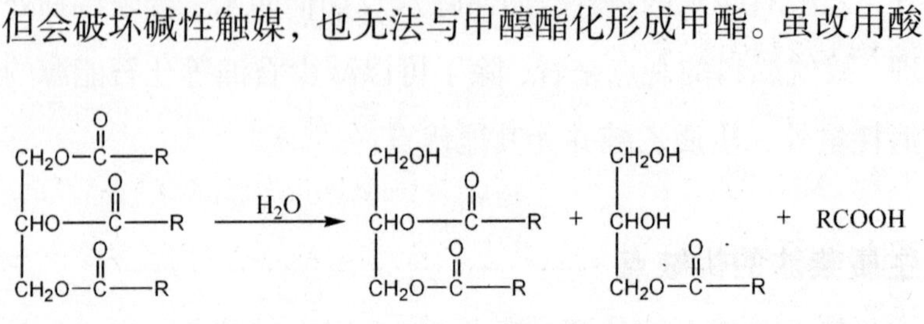

$$CH_2O\text{-}CO\text{-}R,\ CHO\text{-}CO\text{-}R,\ CH_2O\text{-}CO\text{-}R \xrightarrow{H_2O} CH_2OH,\ CHO\text{-}CO\text{-}R,\ CH_2O\text{-}CO\text{-}R \;+\; CH_2OH,\ CHOH,\ CH_2O\text{-}CO\text{-}R \;+\; RCOOH$$

图 6

性触媒，可进行酯交换反应与酯化反应，但副产物多，不易纯化。

为何依照美国标准，要在传统柴油里添加 2%生质柴油呢？这是由于传统的柴油中含较多硫、氮杂质，燃烧后产生的氧化物严重导致空气污染。美国原订柴油含硫量不得超过 500 ppm 的标准，已自 2006 年 10 月起改为不得超过 15 ppm。唯有机硫化物含量减少后，柴油的黏性增大，不便利用。如果混入 2%生质柴油后，其流动性又能恢复旧观，且此柴油实际含硫量大减，故能降低空气污染。

然而，若是添加太多生质柴油，则价格提高，燃烧产生的能量可能也减少。上文已述及，酯类化合物的燃烧热比同碳数碳氢化合物低，例如上述的乙酸甲酯（1592.2 kJ/mol）比丙烷（2219.2 kJ/mol）为少，释放的 CO_2 也稍多。但脂肪酸甲酯有引火点高（约 150℃），密度较大（约 0.88g /mL），燃烧较完全，用为燃料时排放一氧化碳量低，未燃成分亦少的优点。目前许多欧洲国家已普遍使用含脂肪酸甲酯量不等的燃料，荷兰甚至鼓励火力发电厂利用生质柴油为能源。

生质燃料再思考

利用生质物必须考虑栽培、采集，以及压榨、干燥等需要能量的“前处理”，另在制成生质燃料时也都须消耗能量。究竟是消耗的多，还是生质燃料能供应的多？相差多少？迄无定论。

再者，目前用来制造生质乙醇的生质物原料，如甘蔗、玉米、甘薯等，以及用来制造生质柴油的黄豆、菜子等，实际上也多为人类食用作物，或是可用以饲养牲畜的饲料，是否因此加重了粮食供应的问题呢？在地大、人口少的发展中国家，如巴西，暂时不成问题；但若可耕地面积小、人口多的发展中国家，则绝对是不合适的。

以英国为例，如欲于 2010 年达到欧盟所预期——在汽油中添加 5%生质乙醇，而这些乙醇不取自其他废弃物，则全国 1/5 可耕地（1 万 3 千平方千米）须种植可生产生质乙醇的作物才可以！

由于目前已知的生质物原料所能产出的生质燃料有限，为获得更多生质燃料而须增加耕植面积、收成次数与收获量，大量使用肥料、农药，及耗损土质等违反永续发展的行为，在所难免。

另一方面，因棕榈树每亩产油 5950 升，是目前已知产量仅次于“中国乌桕”（Chinese tallow）的高等植物，印尼和马来西亚近年以焚烧方式清除大片热带雨林而改种棕榈，不但释放出大量 CO^2，更可能严重破坏了整体生态环境，这恐是追求“永续能源”者所始料未及吧。

当前的多数化学原料也得自石油、煤焦和天然气等化石资源，故研发以生质物为原料，代替部分化石资源制造化学品，乃永续化学发展主流之一。例如，乙醇可当作燃料，也可代替乙烯制成约三十种基本化学品；葡萄糖可以发酵产生乙醇作为燃料，也可发酵产生乳酸后，经聚合制成具有生物分解性的聚乳酸（polylactic acid）（图 7），还可与不同酵素作用，转变成一些特殊的化学品，如己二酸（adipic acid）（图 8）等。

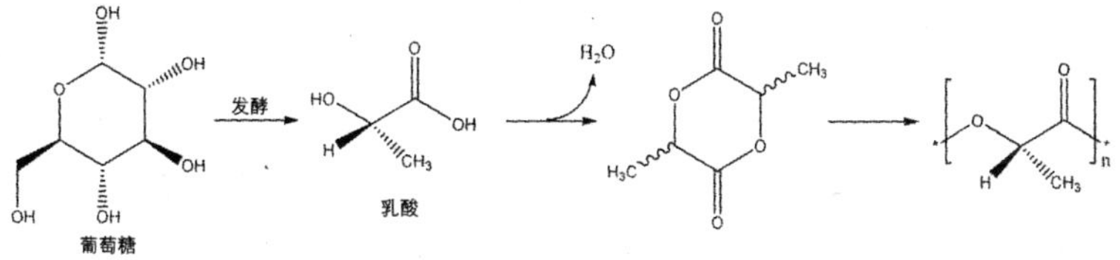

图 7

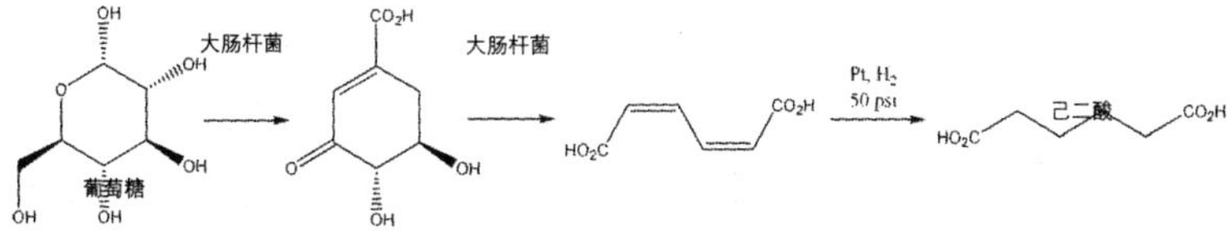

图 8

据悉国外已有许多新的发展。例如，有人找到可以有效分解纤维素为葡萄糖的酵素；也有人已开发出有效分离木本植物中纤维素和木质素的方法，并可利用木质素为能源；还有人发现，可从非食用植物取得植物油以制作生质柴油。大家应该慎重考虑，什么是适合自己的研发方向。

永续发展原则下的生质乙醇燃料

□刘广定

维持永续世界的六大问题之中，以“能源匮乏”和“资源枯竭”两项与化学的关系最为密切。“永续化学十二原则”的第七原则谓：若技术已成熟并符合经济效益，应使用可再生的原料。而“永续工程十二原则”的末项也强调“使用可再生能源与物料”，因此近年来，开发利用可再生能源成为追求永续发展的主要课题之一。

然而，在这些开发中的可再生能源里，制造生质燃料是否符合经济效益，是否违背其他永续发展原则的问题，却常遭忽视。多数人并不了解“永续发展”的真义，也不明了因相关的化学或物理现象可能导致负面效应。

本文简介生质乙醇的一般性缺点，并从基本科学原理指出其不切实际，且说明基础科学教育中忽略某些基本原理如“热力学”之不当。

生质乙醇的缺点

目前的生质燃料是以甘蔗、玉米、油菜等食用植物所含脂类化合物（lipids）或糖类化合物（carbohydrates，或译作碳水化合物）为原料制得。理想的情况是：这些植物在生长过程中，借光合作用吸收空气中的二氧化碳产生糖类化合物以及再形成脂类化合物。若将这些植物制成“生质燃料”，经燃烧后虽会释出二氧化碳，但不会增加空气中二氧化碳的净值，因此有“减碳”作用。然在生产生质燃料的过程中，却也产生氧化二氮（N_2O）[①]这种温室效应气体。

氧化二氮又称“笑气”，是自然界“氮循环”的必然产物，有麻醉和干扰中枢神经的作用。严重的是，它的温室效应气体强度为二氧化碳的296倍！现代农业大量使用含氮的化学肥料，产生之氧化二氮已约造成温室效应的6%。若再增加农耕频率或面积，则使空气中氧化二氮的含量日益升高，实不利于“抗暖化”。

再者，栽种可在短期内收割的植物，需要大量的水，将

① 有译作氧化亚氮，实为误译。盖其化学结构为O＝N＝N，两个氮链接不同，不可泛称“亚氮”。

使水资源更为短缺。由农作物制造生质燃料也需要使用肥料，生产肥料、收割作物、运输与制成生质燃料，都是高耗能过程。不断耕作也对土壤有害，处处皆不符永续发展原则。况且推广以食用作物为原料制成的生质燃料，必将影响粮食价格，增加低收入或贫民负担，也会影响牲口饲料的供应而对畜牧业与农业不利。据报道，有些国家已规定不得以食用植物制造生质燃料，然而，以非食用植物制造生质燃料合适吗？以下将从热力学和光合作用的基本原理分析、说明之。

热力学原理

18 世纪末的欧洲工业革命发明了蒸汽机，促使文明社会现代化，使科学长足进步，也产生热力学这门新学问。热力学最初只是探讨热量与机械能（或称“力学能”）之相互转变的问题，后来扩充到物质的物理变化及化学变化中的能量改变。

“温度”是物质的一种基本物理量，代表着某封闭系统内所含物质的热能强度（intensity），与该系统的质量多少或所占空间大小无关。若 A、B 两系统达成热平衡，表示两者温度相同，这是热力学的重要观念，但因下述第一与第二定律建立后，其重要性始为科学家所承认，故称为“热力学第零定律”（zeroth law）。

热力学其他三个基本定律的内涵为：

第一定律阐释“能量守恒”的观念。不只机械能及电能，“热能”也具有“守恒”的特性。由于热能变化也会因做功（如受压力和体积的影响）而改变，故总热能以“焓”（enthalpy）表示，其变化为ΔH。无论物理变化还是化学变化经由何种途径，只要始状态（initial state）和终状态（final state）固定，则总热能变化ΔH相同。

第二定律涉及物理变化和化学变化是否属于自然发生(spontaneous）的问题，以一定温度下发生的热变量（$\Delta q/T$）为“熵”（entropy），其变化以ΔS表示。自然发生的变化$\Delta S > 0$，所以系统之不规则性或“乱度”（randomness）便会增大。由此亦可说明“自然变化”能量在变化与转移的过程时必有流失。

第三定律叙述熵随温度降低而减少，乱度也随之减小，到了绝对温标零度（绝对零度）时，熵降为零。

根据热力学原理可以估计光合作用过程与燃料燃烧时的能量变化，详见后文。

光合作用

自然界中，植物和某些细菌可以吸收光能，将水和二氧化碳制成糖类。若使糖类发酵生成乙醇，再将乙醇燃烧生成二氧化碳和水，产生的能量转为功：

其净反应乃将“太阳能”转成“功”。

光合作用 $3nCO_2 + 3nH_2O + h\nu \longrightarrow (CH_2O)_{3n} + 3nO_2$

发酵作用 $(CH_2O)_{3n} \longrightarrow nC_2H_5OH + nCO_2$

燃烧反应　$nC_2H_5OH + 3nO_2 \longrightarrow 2nCO_2 + 3nH_2O + W$

净反应　$h\nu$（光能）$\longrightarrow W$（做功）

但依热力学原理，转换过程中必有流失。

第一阶段的光合作用（photosynthesis）可分为两个主要部分。一是光反应，又分为 PSI 和 PSII 两步骤。PSII 是吸收光能（$h\nu$）将水分解产生氧（O_2）及氢离子（H^+）①，并使 ADP（二磷腺苷）与磷酸根（P_i）转变成含高能量的 ATP（三磷腺苷）②；PSI 则是吸收光能将 $NADP^+$（氧化态烟碱醯胺腺嘌呤二核苷酸磷酸酯）还原产生 NADPH（还原态烟碱醯胺腺嘌呤二核苷酸磷酸酯）③：

$$2H_2O + (4h\nu) \longrightarrow O_2 + 4e^- + 4H^+ \quad ①$$

$$3ADP^{3-} + 3H^+ + 3Pi^{2-} \longrightarrow 3ATP^{4-} + 3H_2O \quad ②$$

$$2NADP^+ + 4e^- + 2H^+ + (4h\nu) \longrightarrow 2NADPH \quad ③$$

在这理想情况下，每八个光子的光能（$8h\nu$）可以产生 1 分子氧（O_2），2 分子 NADPH 和 3 分子 ATP。如下式及图 9。

$$2NADP^+ + 3ADP^{3-} + 3Pi^{2-} + H^+ + (8h\nu) \rightarrow O_2 + 2NADPH + 3ATP^{4-} + H_2O$$

“光反应”部分主要乃借叶绿素吸收 430 — 470nm 蓝色光与 630 — 700nm 红橙色光所促成，这也使草木的叶部呈现其互补色——绿色的原因。

另一部分乃经由 ATP 及 NADPH 的作用将二氧化碳与

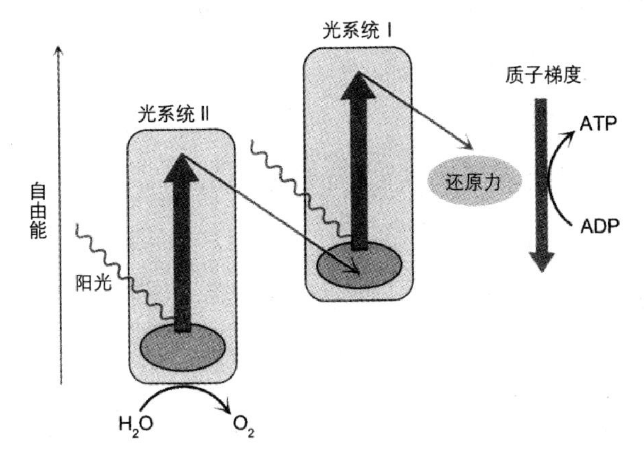

图 9　叶绿体内进行光反应的时候，两个光系统能将吸收的阳光转化，使水产生氧气，ADP 磷基化为 ATP。

NADPH 制成糖类，并不需要光能，称为暗反应（dark reaction）。形成六碳糖（如葡萄糖）的反应式为：

$$12NADPH + 12H^{+} + 18ATP + 6CO_2 + 12H_2O \longrightarrow C_6H_{12}O_6 + 12NADP^{+} + 18ADP + 18P_i$$

需要 12 个 NADPH 和 18 个 ATP，亦即需要 48 个光子的光能（48*hv*）才能制成一个葡萄糖分子。制成糖类还可能经由别种过程，但需要更多光子。

叶绿素制造糖类需要多少太阳能

日光中可用于光合作用的只有波长 400 — 700nm 范围之可见光，称为光合有效辐射（photosynthetically active radiation)。以平均 550nm 估计，每 1 光子的能量为 3.6×10^{-19}J（焦耳），[①]则每摩尔光子的能量为乘以阿伏伽德罗常数（6.02×10^{23}），即 2.17×10^{5} J。最保守的估算，光合作用产生 1 摩尔葡萄糖至少需要 48 摩尔光子，或 $48\times(2.17\times10^{5}\text{J})=1.04\times10^{7}$ J 能量。

现在约略估算需要多少太阳能才可得到 1 摩尔葡萄糖？已知正午时刻，晴朗天空可供地表接受的太阳能强度，平均约为 1000 W/m²（瓦 / 平方米）。但以整年而言，在利于农作物种植的亚热带（南北纬 20 — 35 度，或 20 — 40 度）地区，平均地表接受的太阳能约 240W/m²，而光合有效辐射能量只约占太阳能中的 43%。由于农地中只约 80%用为实际耕种。因此，太阳能之中只有 $(240\times0.43)\times0.80=82.6$ W/m² 可以利用于光合作用。

叶绿素吸收光能成为活化态叶绿素，但不能全数用于光合作用。其中一部分在转变成热能的过程中耗失（热力学第二定律），一部分造成荧光现象，还有一部分传给临近其他分子，剩余的才利用于光合作用。换言之，光合作用的效率不高，只有约 10%的太阳能，也就是说大约只有 8.26 W/m² 可有效利用于光合作用。

然而，植物体中的光合作用产物大部分皆消耗于成长及代谢等作用，只有约三分之一以糖类形式保留在体内而可用

---

① $h\nu=hc/\lambda=(6.625\times10^{-34}\text{Js})\times(3\times10^{9}\text{m/s})/(550\times10^{-9}\text{m})=3.6\times10^{-19}\text{J}$。

于产生乙醇。扣除夜晚与播种收割等，植物能吸收太阳能生长并制造糖类的时间，每年也约仅一半。亦即 8.26 W/m^2 太阳能中，只有约六分之一（1.38 W/m^2）可以利用于制成生质乙醇的糖类。以 1 瓦（W）= 1 焦耳/秒（J/s）和 1 年相当 3.15×10^7 秒换算，此值约等于每年 4.4×10^7 J/m^2 能量。

每公顷土地生产多少生质乙醇

倘若平均每辆汽车每年使用 1000 升汽油，又假设汽油都是异辛烷（C_8H_{18}）。

异辛烷分子量 114，密度 0.688 g/mL，燃烧热 − 5461 kJ/mol。1000 升异辛烷质量 688 kg，相当 6.04×10^3 摩尔，完全燃烧产生（6.04×10^3）×5461 kJ = 3.3×10^7kJ 的能量。乙醇燃烧热为 1366.8 kJ/mol，约是异辛烷的四分之一。

$$C_8H_{18} + 12.5O_2 \longrightarrow 9H_2O + 8CO_2 \quad \Delta H_c = 5461\ kJ/mol$$

$$C_2H_5OH + 3O_2 \longrightarrow 3H_2O + 2CO_2 \quad \Delta H_c = 1366.8\ kJ/mol$$

假设不考虑其他外在因素，依热力学第一定律，约需要 2.42×10^4 摩尔乙醇才能产生相当于 1000 升汽油燃烧所得的能量。

$$C_6H_{12}O_6 \longrightarrow 2C_2H_5OH + 2CO_2$$

由上面的式子可知道每 1 摩尔的葡萄糖经发酵后会产生 2 摩尔乙醇与 2 摩尔二氧化碳。所以 2.42×10^4 摩尔的乙醇，

须自 1.21×10^4 摩尔葡萄糖制得，不论是多糖（如淀粉）或双糖（如蔗糖），水解后所得到的葡萄糖均一样。

据上述简单的光合作用与热力学原理，粗略估算可知：产生 1 摩尔葡萄糖至少需要 1.04×10^7J 能量。每辆车每年若消耗 1000 升汽油，相当于 2.42×10^4 摩尔（约 1400 升）乙醇，至少需要 1.21×10^4 摩尔葡萄糖为原料，即需要自日光取得 1.26×10^{11}J 能量，故共需要（1.26×10^{11}J）/（4.4×10^7J/m^2）= 2860m^2 面积耕地，亦即约 53.5 米见方（53.5×53.5m^2）的土地来栽种作物。故若每公顷（10000m^2）耕地的收成，完全都制成乙醇，最多只够三辆半汽车使用。即使是以含 10%乙醇的 10E 汽油换算，也只能供应 35 辆车用！

不与人争粮的酒精汽油

□黄文松　陈文华　逄筱芳　门立中

近年来，由于石油主要产地的中东地区，政治经济局势持续不稳定，原油价格从 2003 年每桶约二十余元美金，大幅飚涨到 2012 年每桶一百美元左右。人们也发现，目前已知的原油蕴藏量大约只够供给未来 40 年至 70 年，再加上气候的变迁、地球的暖化日益明显，世界各国为了自身能源供应的安全及永续性，以及对维护地球环境清洁的道德与责任，纷纷投入各项资源研究，寻找清洁、安全又能永续使用的能源。尤其在这个运输事业仍以化石燃料为主的时代，寻找替代能源更是运输业迫在眉睫的大事之一。

寻找取代化石燃料的新能源

在过去的二十多年，人们曾经试过许多运输燃料替代品，例如天然气（compressed natural gas，CNG）、液化石油气（liquefied petroleum gas，LPG）及电动车，固然各有优点，但也有其不易克服的固有缺陷。例如，现在使用中的车辆需花费大笔的改装费用、加油站（或加气站、充电站）需要重新改装设备等，都是要将现有的运输燃料系统彻底换装改变，对现有系统及经济结构冲击较大。所以，找出一个可以使用于现有燃料配销、添加系统，又能直接用在现有车辆的生质燃料，是刻不容缓的事。在生质燃料之中，生质酒精及生质柴油被公认为最具应用价值的代表性替代能源。

生质酒精是将生质物料经由一系列化学及生物方法水解、发酵而获得的酒精。全世界酒精总产量约为4590万立方米，其中60%是经由含糖类的农产品发酵制成，33%是以淀粉类农产品发酵所制，仅有7%是人工合成方法制造。因此，发酵制程的产量占酒精总产量93%以上。根据国际能源协会（IEA）在2004年的统计资料，生质酒精占全球生质燃料使用量的90%以上，主要用途就是作为汽油的替代燃料。

巴、美生质酒精产量居全球之冠

目前巴西和美国是生质酒精最主要的生产国，两国产量合计占全世界产量的70%。巴西是推动生质酒精汽油最成功

表 1　　国际使用酒精汽油的现况

国别	酒精汽油规格	生质原料	备注
巴西	E22、E95	甘蔗	1975 年颁布国家酒精计划，加强使用酒精汽油
美国	E10、E85	玉米	2004 年十七州实施洁净能源法案
中国	E10	谷类、甘蔗	
欧盟	E5	小麦、燕麦、甜菜	2004 年实施酒精市场法规
泰国	E5	木薯、甘蔗、稻米	2007 年推行 E10 酒精汽油
日本	E3、E10	废木材	1983 年实施燃料酒精计划

的国家，利用甘蔗为主要原料，全国以 22%酒精掺和汽油作为汽车燃料，称为 E22 酒精汽油，另有可直接使用 E95（95%变性含水酒精）的汽车。巴西原为全球第一大酒精生产国，自 2005 年产量被美国超过，即为第二大生产国。

2005 年，美国的生质酒精产量以 1670 万立方米居世界首位，主要原料是玉米淀粉，目前加州和中西部玉米生产带各州为主要使用地区。酒精和汽油的掺和比例则以 E10 及 E85 为主。在亚洲地区，主要生产酒精汽油的国家，主要有中国、印度和泰国。国际使用生质酒精汽油的状况如表 1 所示。

根据国际能源协会预估，发展至 2020 年，生质燃料的年产量将可达 1 亿 2 千万立方米，约为现在产量的 4 倍。而且生质酒精作为车用汽油替代燃料的比例，也由目前的 1.5%提升至 6%。因此，以生质酒精掺和汽油作为替代的燃料已是必然趋势。

甘蔗、玉米皆为生质酒精来源

生质酒精的生产原料，依组成成分主要可分为糖质、淀粉和纤维三种，淀粉和糖质不仅是现阶段生产酒精的主要原料，也是人类和畜牧业的粮食来源之一。为了避免争粮顾虑，未来生质酒精最主要的原料将是农业废弃物中含量最多的纤维。

若比较生质酒精的三种原料——糖、淀粉和纤维，就原料成本而言，糖最高，淀粉次之，纤维最低；以生产技术来看，则顺序相反。图 10 表示这三种生质原料在酒精生产的各个程序步骤。

生产酒精的主要程序包括原料收集、前处理、水解糖化、糖质发酵及酒精纯化等单元。其中，前处理的功能是以粉碎、研磨等物理方法，增加反应表面积，以提高转化效

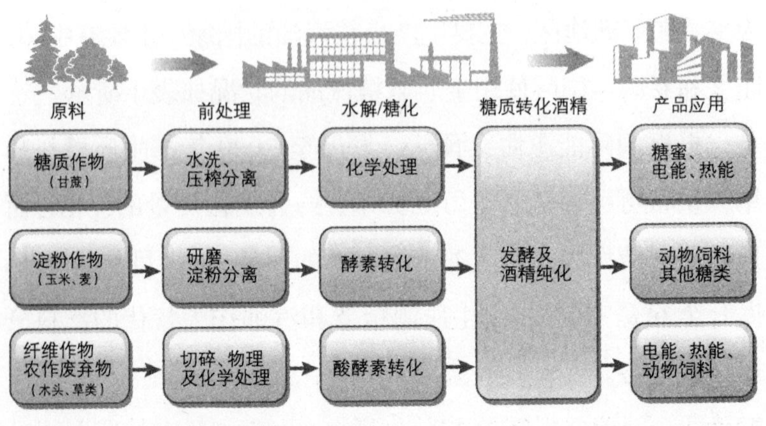

图 10　生质原料转化酒精的生产程序

率；水解糖化单元是将淀粉、纤维等原料，经酸化或酵素转化成为酵母菌可利用的糖类，再进行发酵而转化成酒精。糖质和淀粉类原料的酒精制造过程，人类已有数千年的操作经验，因此现阶段各国商业运转工厂所使用的原料程序，都是以糖质和淀粉类为主。

纤维素是重点原料

为了避免粮食成为生产原料，以及降低生产成本的考量，所以农业废弃物中的纤维，将是未来生质酒精的主要原料。如此一来，不但能够降低原料价格的成本，同时也解决了处理废弃物的环保问题，因此各国无不积极研发纤维转化酒精的技术。

植物纤维的组成以纤维素、半纤维素、木质素为主，比例依序约占 38%— 50%、23%— 32%、15%— 25%及 5%— 13%（图 11）。其中纤维素是葡萄糖的线型聚合物，因其具有结晶性，又有氢键结构存在，使得聚合物分子之间结合紧密、不易打散，因此，需要较剧烈的反应条件将其碎裂。这个碎裂的反应，就称为水解或糖化作用。纤维素一旦碎裂成单体，即是六碳糖的葡萄糖分子，我们就能以熟知的酵母菌发酵作用将其转化成酒精。

木糖是构成半纤维素主、支链的主要成分。虽然半纤维素结晶性较低，较容易水解成单糖，但水解后的产物以五碳糖为主，因此并不能被酵母菌利用，而必须使用能将五碳糖

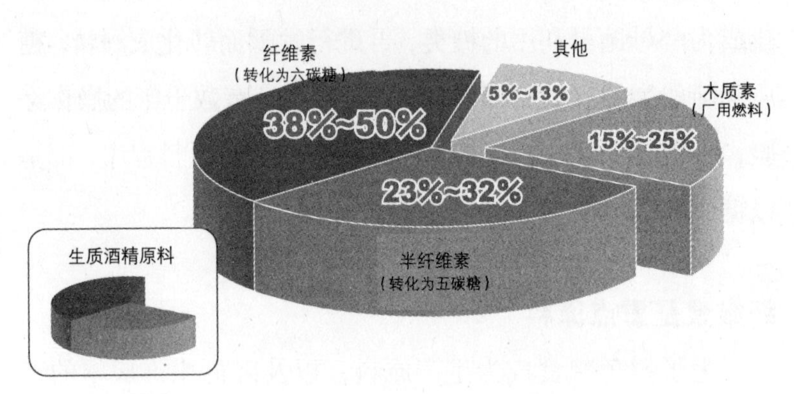

图 11　纤维素原料的主要组成及来源

转化为酒精的菌种。目前各国努力发展基因改良菌种，寻求可同时利用两种糖类进行发酵且产率高的菌种，达到缩短反应时间及简化反应程序的目的。

大多数酒精转化工厂均将发酵后的残渣作为锅炉燃料，用以产生蒸气及电力。目前另有学者试图寻找适当的微生物，期望将木质素分解成有机酸、酚类等，扩大利用价值。利用上述方法破坏纤维素的结晶性和氢键结构，以及半纤维素和木质素构成纤维素外层的保护网，使构造松散，以利后续酸液或酵素能接近纤维素而进行水解糖化作用。

未来交通运输的替代能源

应用糖质和淀粉作为发酵原料的生产厂，仍是目前的生质酒精工业的主流，但纤维原料的研究方兴未艾，虽然仍有许多待改进的空间，但必然会成为未来的主流趋势。

由于生质酒精比化石燃料更能维护环境的清洁，是一种能循环于大自然间的能源燃料，因此，为了人类的永续发展，生质酒精掺和汽油作为燃料，在21世纪将成为交通运输的替代能源。

动手种出生质柴油田

□陈汉炯　李宏台　卢文章

据国际能源协会（IEA）统计，生质能源约占全球初级能源的 11%，为第四大能源，仅次于石油、煤、天然气等传统化石能源。2004 年 11 月，英国石油公司首席执行官约翰·布朗，于国际石油会议上预测，世界石油储量约可再用四十年，天然气储量约七十年，除了化石能源枯竭危机，大量使用化石能源导致全球暖化的现象，也威胁着人类的生存环境。在追求永续、洁净的能源发展下，由地层挖出来的化石燃料，已不再是交通运输工具的单一选项，从地表上种出来的生质柴油，已被积极的开发与应用！

生质柴油的起源及发展历史，与内燃机的发明与应用密不可分。内燃机是 19 世纪 60 年代的发明之一：1860 年法国人勒努瓦成功研制的煤气机，为世界上第一台实用的内燃机；1883 年德国人戴姆勒发明了汽油机；1893 年 8 月 10 日，德国人狄塞尔在德国奥格斯堡，展示他成功研发的压燃式内燃机原型机，在 1900 年的巴黎世界博览会中，他也展示了以花生油驱动的引擎，之后再改用黏度较低的化石柴油。

严格来说，未经转酯的花生油只能称为生质燃料，并非生质柴油，但狄塞尔仍相信未来他的引擎将使用生质燃料。他在 1912 年的演讲中提到，“就引擎燃料而言，未来植物油将会如同现在的化石燃料同等重要”，已明确揭示生质燃料应用的远景。国际上以 8 月 10 日狄塞尔内燃机问世之日，订为国际生质柴油日（International Biodiesel Day）。另外，美国为纪念狄塞尔在生质燃料上的宏观与远见，也以他的生日 3 月 18 日订为国家生质柴油日（National Biodiesel Day）。

生质柴油是什么

生质柴油是利用动植物油脂或废食用油的长链脂肪酸，于触媒存在下，与烷基醇类反应，产生烷基酯类燃料，可直接使用于柴油引擎，或以任意比例与石化柴油调和后使用，以降低油耗、提高动力性，并减低排放污染率。依添加的比例不同而有不同的表示法，如 20%生质柴油与 80%柴油混合称为 B20。此外，生质柴油可有效改善柴油引擎的废气排放品质，与化石柴油比较，纯生质柴油（B100）在总碳氢化合物可减量 80%— 90%，一氧化碳可减量 30%— 40%，悬浮微粒可减量 30%— 50%。又因生质柴油具有较高的运动黏度，在不影响燃油雾化的情况下，更容易在汽缸内壁形成一层油膜，从而提高运动机件的润滑性，降低机件磨损。图 12 为生质柴油的转酯化反应式。

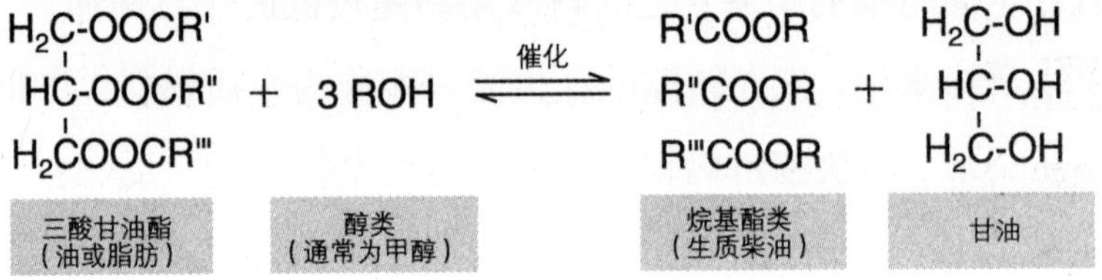

$$\begin{array}{l} H_2C\text{-}OOCR' \\ HC\text{-}OOCR'' \\ H_2COOCR''' \end{array} + 3\ ROH \overset{\text{催化}}{\rightleftharpoons} \begin{array}{l} R'COOR \\ R''COOR \\ R'''COOR \end{array} + \begin{array}{l} H_2C\text{-}OH \\ HC\text{-}OH \\ H_2C\text{-}OH \end{array}$$

三酸甘油酯（油或脂肪）　醇类（通常为甲醇）　烷基酯类（生质柴油）　甘油

图 12　从油脂到生质柴油的转酯化过程

生质柴油的制作过程

生质柴油是利用动植物油脂或废食用油，经由转脂化反应产制而成，料源为生质柴油产制的要件。在原料部分，除了废食用油外，国际上大多利用各种油脂作物作为产制生质柴油的原料，例如美国主要以大豆为主、欧洲地区则以油菜为主，另外，东南亚地区则以棕榈树及麻风树等油脂作物当作原料。表 2 为各种油脂作物单位面积可产制的生质柴油量比较。而除了产油率外，在料源的部分，还必须考量到生长环境的条件以及种植成本。在生质柴油的产制技术方面，将动植物油或废食用油转化成为生质柴油主要的技术有：（一）稀释（dilution）；（二）裂解（pyrolysis）；（三）微乳化（micro-emulsion）；（四）转酯化（transesterification）等。综合考量

表 2　　　　各类油脂作物单位面积产油率（由少至多排序）

植物名	拉丁学名	千克 / 公顷
蓖麻籽	*Ricinus communis*	1188
胡桃	*Carya illinoensis*	1505
荷荷巴	*Simmondsia chinensis*	1528
巴西棕榈	*Orbignya martiana*	1541
麻风树	*Jatropha curcas*	1590
澳洲胡桃	*Macadamia temiflora*	1887
巴西坚果	*Bertholletia excelsa*	2010
酪梨	*Persea americana*	2217
椰子	*Cocos nucifera*	2260
油棕	*Elaeis guineensis*	5000

上述四种技术的系统操作性、安全性及经济性等因素，目前大部分生质柴油商业化制造技术皆采用转酯化制程。转酯化反应依使用催化剂种类可区分为均相与异相触媒（homogeneous/heterogeneous catalyst）和脂肪酵素两种。使用均相触媒，例如硫酸、氢氧化钠，制程反应快（一小时内）且产率高，可达 98%，有利于商业化推广。制造流程如图 13 所示。

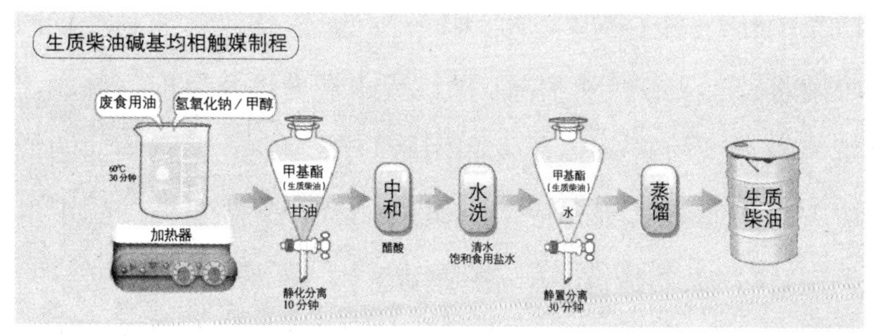

图 13　废食用油与碱基均相触媒（氢氧化钠）、甲醇经加热反应后，产生甲基酯（生质柴油）和甘油，经过中和、水洗等反应，静置三十分钟，使甲基酯和水层分离，最后再经蒸馏，则可得到生质柴油。

碱基均相触媒包括碱性金属氢氧化物（NaOH、KOH）、碱性金属烷基氧化物（例如 CH_3ONa）、碳酸钠与碳酸钾。其中使用甲醇钠（CH_3ONa）产率较其他碱性金属烷基化物高（＞ 98%）且反应时间较短，但反应须在无水环境中进行，所以在工业生产时制程条件较严格。氢氧化钠、氢氧化钾的反应性较甲醇钠低，但因价格便宜且浓度提高（1 — 2 mol %）也可达到相同产率，因此较适于商业化。

使用碱性金属氢氧化物（NaOH、KOH）触媒的缺点是：处理油品时，如果反应槽含有水分，会将产物水解产生脂肪酸，进一步与碱性金属氧化物（如 NaOH、KOH）皂化反应，产生皂化物（soapy residue）。针对皂化反应，若使用碳酸钠或碳酸钾（浓度 2 — 3 mol%）即可避免，但成本较高。另外，未反应完全的脂肪酸、皂化物及甘油混合后，会产生乳化现象，难以分离。

虽然碱制程可在很短的反应时间（一小时）内得到高生质柴油转化率（98%），但因额外耗能较高、甘油副产物回收困难、产品中碱液去除、碱液废水需处理及反应条件较严苛等缺点，故进一步研发利用脂肪酵素制造生质柴油的方法。以脂肪酵素法合成生质柴油，不但条件温和、醇用量少，且无污染物排放，适于各种动植物油及废食用油的处理。

由于脂肪酵素法可处理较多种的原料，利于成本的控制。但目前主要问题有：（一）制程的产率低及反应时间长。（二）对甲醇及乙醇的转化率低，一般只有 40%— 60%，目前脂肪酵素对长链脂肪醇的酯化或转酯化有效，而对短链脂肪醇（如甲醇或乙醇）等转化率低，而且短链醇对酵素具有毒性，酵素的使用寿命短。（三）副产物甘油和水不但抑制反应形成，而且甘油对固定化酵素有毒性，使固定化酵素使用寿命缩短。因此亟须开发新型脂肪酵素固定化方法及酯化制程，以制备高品质、低成本的生质柴油。提高酵素活性、稳定性的纯化方式，将是未来使用脂肪酵素方法制造生质柴油的研发目标。

利用生物触媒转酯化方法，目前虽仍无商业化制程，但因兼具环保与节约能源的优点，被视为是未来重要的生产技术；尤以废食用油为原料，生物转化时可适用于较高杂质与水分的条件，利于减少前处理的步骤。

国际发展趋势

自 1980 年代，奥地利开始结合能源作物推动生质柴油，1991 年全球第一座商业化规模（约 1 万立方米 / 年）的生质柴油厂，也于奥地利的阿沙赫正式营运。由于生质柴油使用上可直接添加，或以任何比例与传统化石柴油混合使用，无需修改引擎系统，在此优势及各国相关政策法令与奖励措施的推动下，自 1999 年后生质柴油便快速大幅成长。截至 2005 年底，欧洲地区生质柴油的产能已达一年 370 万立方米（图 14），其中德国的年产能达 200 万立方米，居全球之冠，而意大利及法国也分别有 60 万及 42 万立方米的年产

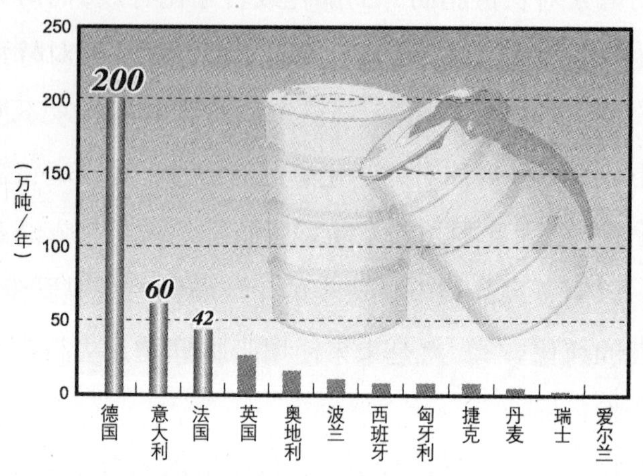

图 14　欧盟国家生质柴油产能现况

能。近年来，美国生质柴油产量遽增，从 1999 年每年生产约 1670 万立方米，现在逐年在增加，成为美国成长最快速的替代能源。

德国是推广生质柴油最成功的国家，截至 2005 年，德国境内已有超过 1900 座的加油站贩售生质柴油，实际销售量也高达 150 万立方米以上。透过税赋减免的优惠，不仅市售的生质柴油价格低于化石柴油（价差约 0.14/L — 0.2/L），在此价差诱因下，大型货车的添加使用量已约占德国生质柴油产量的 70%。

抽丝剥茧论液晶

□何子乐

人们熟悉的物质状态（又称相）为气、液、固，较为生疏的是电浆（plasma）和液晶（liquid crystal）。液晶相要具有特殊形状分子组合始会产生，它们可以流动，同时又拥有结晶的光学性质。液晶的定义，现已放宽，囊括了在某一温度范围可呈现液晶相，在较低温度为正常结晶之物质。

液晶的历史

奥地利植物生理学家莱尼茨尔（F. Reinitzer），主要研究胆固醇在植物内所扮演的角色，他在1888年3月14日观察到胆固醇苯甲酸酯在热熔时的异常表现。它在 145.5 ℃时熔化，产生了带有光彩的混浊物，温度升到 178.5 ℃后，光彩消失，液体透明。[①]此澄清液体稍为冷却，混浊又复出现，瞬间呈蓝色，在结晶开始的前一刻，颜色是蓝紫的。

莱尼茨尔反复确定他的发现后，向德国物理学家雷曼（O. Lehmann）请教。当时雷曼建造了一座具有加热功能的显微镜探讨液体降温结晶过程，后来更加上了偏光镜，正是深入研究莱尼茨尔的化合物之最佳仪器（图 15）。而从那时开始，他的精力完全集中在该类物质。雷曼初时称之为软晶体，然后改称晶态流体，最后深信偏振光性质是结晶特有，流动晶体（Fliessende Kristalle）的名字才正确。此名与液晶（flsige Kristalle）的差别就只有一步之遥了。

由嘉德曼（L. Gattermann）、利奇克（A. Ritschke）合成的氧偶氮醚，也被雷曼鉴定为液晶。但在 20 世纪，著名科学家塔曼（G. Tammann）以为雷曼等的观察，只是极细微的晶体悬浮在

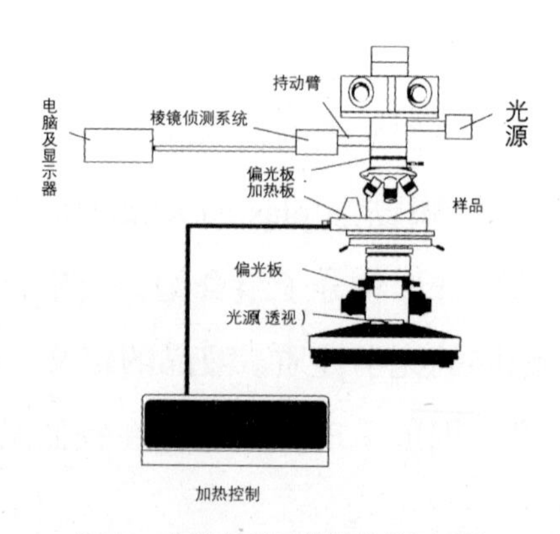

图 15　电脑及显示器棱镜侦测系统

① 1850 年左右，海因茨研究脂肪，报道硬脂有特殊的熔化情形。在 52℃开始混浊，58℃最甚，至 62.5℃澄清。

液体时所形成的胶体现象。[1]能斯特（W. Nernst）则认为液晶只是化合物的互变异构体之混合物。不过，在化学家伏兰德（D. Vorl der）的努力下，已经可以预测哪一类型的化合物最可能呈现液晶特性，并以合成取得该等化合物质证明理论。

液晶的分类

1922 年，法国人弗里德（G. Friedel）仔细分析当时已知的液晶，把它们分为三类：向列型（nematic）、层列型（smectic）、胆固醇型（cholesteric）。名字的来源，前二者分别取于希腊文线状和清洁剂（肥皂）；胆固醇型是有历史意义，以近代分类法，它们是手性向列型液晶。其实弗里德不赞同液晶一词，他认为“中间相”才是最合适的表达。

图 16 是理想化的向列型和层列型液晶排列状态。两者的分子均是平行排列，只是向列型液晶是一维结构，二维的层列型更有规律，[2]分子排列也不一定与层面成直角（可以倾斜）。胆固醇型液晶因为有手性，分子排列时，主轴方向偏移（图 17），整体有螺旋结构。

---

① 高分子的存在也曾受到著名的有机化学家质疑。他们认为小分子单元间没有化学键相连接，它们的性质也是来自胶体。

② 此类液晶又再细分为 SA、SB、SC、SD、SE、SF、SG、SH、SJ、SK 等十种，手性层向型液晶加 * 表示，如 SC *。

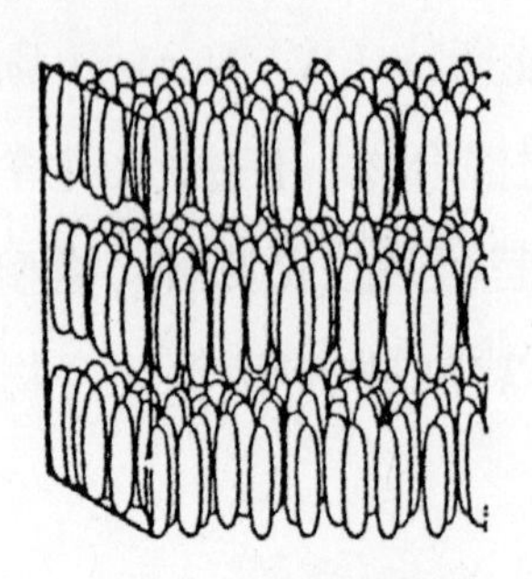
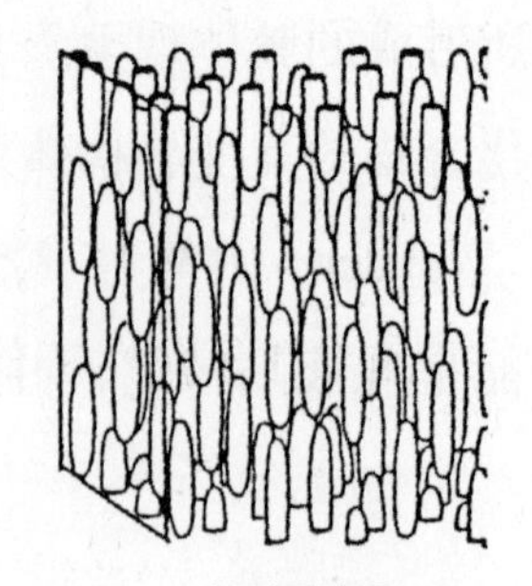

图 16　层列型液晶　　　　　向列型液晶

1970 年代才被发现的碟型（discotic）液晶，是具有高对称性圆碟状分子重叠组成之向列型或柱型系统（图 18）。

图 17　胆固醇型液晶

除了形态分类外，液晶因产生之条件（状况）不同而分为热致液晶（thermotropic LC）和溶致液晶（lyotropic LC），[①]分别由加热、加入溶剂形成液晶相。热致

图 18　向列型系统

① 一般翻译为热向性液晶和液向性液晶。

液晶相产生可能有两种情形：

$$结晶 \overset{T_1}{\rightleftharpoons} 液晶 \overset{T_2}{\rightleftharpoons} 等向性液体\ (T_2 > T_1)$$

$$结晶 \overset{T_1}{\rightleftharpoons} 等向性液体\ (T_1 > T_2)$$

液晶〔冷却等向性液体时才得到液晶〕

溶致性液晶生成的例子，是肥皂水。在高浓度时，肥皂分子呈层列性，层间是水分子。浓度稍低，组合又不同(图19)。

其实一种物质可以具有多种液晶相。如4,4'-二（庚氧基）氧偶氮苯的变化是：

$$结晶 \overset{74°}{\rightleftharpoons} 层列C相 \overset{95°}{\rightleftharpoons} 向列相 \overset{124°}{\rightleftharpoons} 等向性液体$$

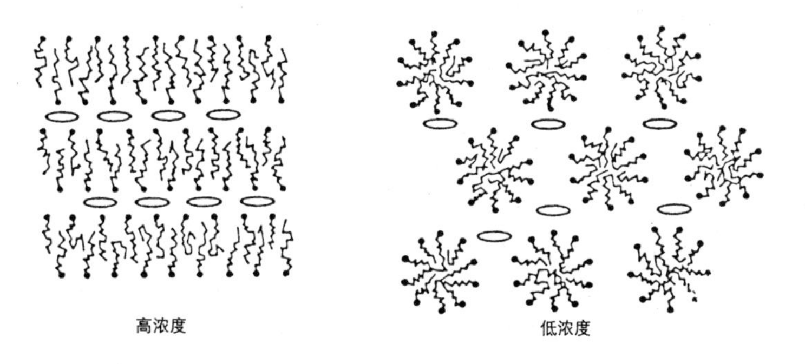

图19　肥皂水溶液之液晶态

又有人发现，把两种液晶混合物加热，得到等向性液体后再冷却，可以观察到次第为向列型、层列型、向列型液晶。这种相变化的物质，称为重现性液晶（reentrant LC）。某些单一化合物亦会显示此性质：

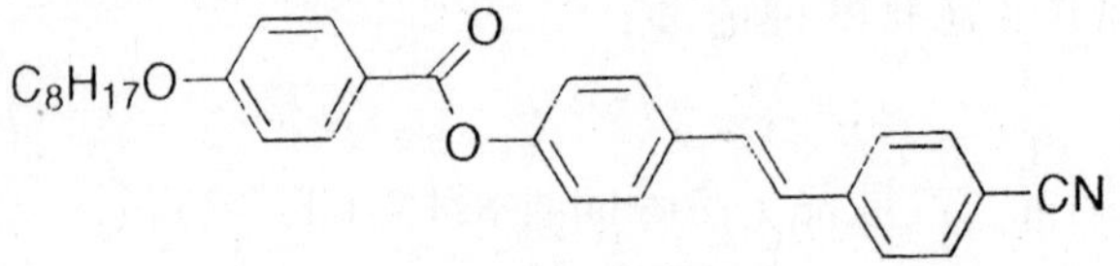

$$\text{结晶} \xrightleftharpoons{94°} \underset{\text{层列}}{S_A} \xrightleftharpoons{96.4°} \underset{\text{向列}}{N} \xrightleftharpoons{138.9°} \underset{\text{层列}}{S_A} \xrightleftharpoons{247°} \underset{\text{向列}}{N} \xrightleftharpoons{283°} \text{等向性液体}$$

液晶分子结构

稳定液晶相是分子间的范德华力。因分子集结密度高，斥力异向性影响较大，但吸引力则是维持高密度，使集体达到液晶状态之力量。又如分子有极性基团时，偶极相互作用成为重要吸引力。

棒状（calamitic）液晶化合物通常具有两个或更多环。这些单元直接相连或是有短片段分隔，构成分子的核心区，在终端或环侧可能放置小的取代基。环的大小不拘，而且脂环、芳香环、杂环都可以。把环分隔的中介片段，延展分子长度，但不可破坏线性分子轴，例如两个苯环间以（CH_2）n 相连，n 是基数，会使分子弯折，液晶相不能产生。[①]终端的烃基链，长度影响液晶形态：较短者趋向形成向列型，较长者层列型。其原因是终端长链并排时产生范德华力，但最末端离开核心区越远（较长链）其极化越低，于是与前（或后）分子的终端基吸引力下降，形成向列型趋势不如层列

① 有人在 2000 年报道 DNA 形成新的液晶结构，其内分子排列成层，向性一致的不弯扭六角相。

型。如果烃基有双键，向列型液晶相会较稳定（对受热较不易被破坏），因为分子极化性比较大，分子之间的立体互斥力又较小。烃基分支则不利液晶相。

在 1983 年以前人们相信，可生成液晶相的分子，其侧边取代基不能太大太长，然而这观念被证明错误。如果分子内放置长链，可与主轴平行排列，液晶相便能成立。端基分叉的燕尾型化合物和双燕尾型化合物，也具液晶特性。又如主轴有苯环，在其上引入多个柔性的烷氧基而得多醚化合物，也可能呈现液晶相。

以氢键协助液晶相显示的分子，有图 20 的结构。同时拥有两个可以独自构成液晶的结构，称为 twins。这个可能性，早由伏兰德考虑过。后人更进一步发展了多种形式，如并环式、侧接式、碰头式、左拥右抱式、环状二聚式等。还有叠碟棒状与星散式分子，内含液晶结构单元就不止两个了。

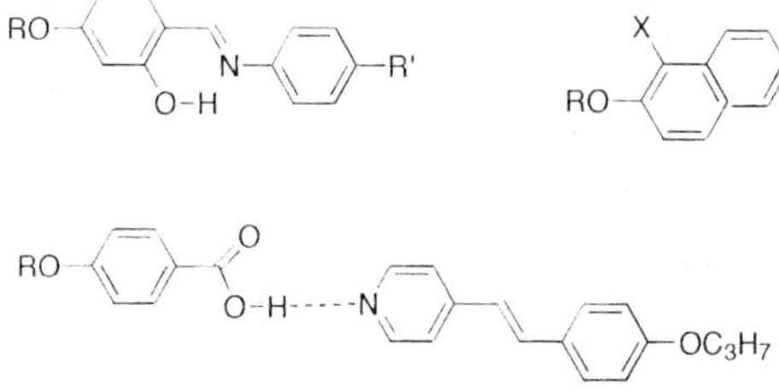

图 20　以氢键协助液晶相显示链

在高分子内引进液晶基的工作，有大概三十年的历史。纤维状高分子有良好的机械性质，用它作为液晶材料的分子骨干，利益可期。其实制造这些分子的策略有二，其一是把液晶基融入高分子的主干中，另一方式则是将液晶基导入作为侧链。不过要提供柔软的间离基以避免高分子所属结构妨碍液晶相排列，图 21 是两类高分子液晶的向列型和层列型的示意。

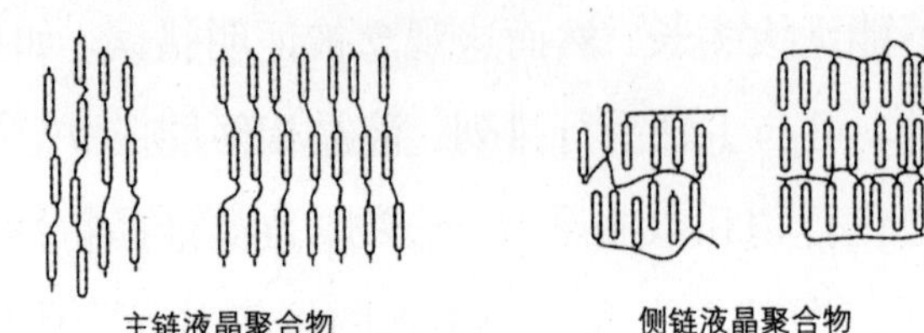

图 21　两类高分子液晶

还有值得一提的是，聚合物在液晶相压出的纤维，有极佳强度。如杜邦公司的芳纶纤维（制轮胎、防弹衣原料）便是一例。

液晶之合成

伏兰德是早期液晶合成的主导人物，在 1901 — 1934 年间，他有八十个以上的博士生开展该领域。从他的工作可归纳为：长形分子易成液晶，而分子主轴够长时，少许分支也不会严重损害其性质。在他的研究中，高分子液晶也被首度发现。

热致性棒状液晶分子既可分为数结构组，并砌积木般的合成策略最有效而实际。核心区部分是芳香环时，此法更为方便。由两个芳香环组成之核心，建构时不外采用下述诸法：两个芳香环有相同的取代基之氧偶氮苯类（azoxy arenes），可以把硝基芳香化合物还原取得；亚基芳胺（ArCH = NAr'）

则是芳香醛和芳香胺之缩合产物；二芳基乙烯之合成途径有几条，采用威提希（Wittig）反应是其一。这些乙烯可被氢化生成二芳基乙烷，或脱氢（间接手续完成）而得二芳炔。

联苯类核心已成为液晶的重要建材。它们包括二联苯、联三苯，以及杂环式前驱物。二三十年前，合成液晶往往选用简单的联苯去引入各种官能团，然后改质。但是近年有机化学家发明了不少新颖、温和、高效率的耦合反应，直接串联已带有官能团的单环个体，于是液晶核心之取得更容易。这些耦合反应，是以镍、铂、钯、铑等系列的催化剂促成的。

氢化联苯核心便形成两个互相连接的环己烷单元，这些产物也常常是良好的液晶材料。如果需要在芳香环上加上烷基，耦合卤化芳香化合物和烷基金属试剂应是可行的。另一方法是 Friedel-Crafts 醯化反应，再经去氧还原。至于含有杂环的核心系统，最方便的手续应是形成取得杂环的同时把各式基团安置好。

由于铁电性液晶成为研究焦点（见后），制备新的手性液晶日益受到重视。可幸有机化学家已在这方面打下良好基础，又建立了手性材料库。以现行的研发趋向，手性液晶合成最常用到酯化和醚化反应。

液晶的用途

液晶分子排列的表现之一是呈现有选择性的光散射。因而排列可以受外力影响，所以液晶材料制造器件的潜力很大。规范于两片玻璃板之间的手性向列型液晶，经过一定手续处理，就可形成不同的纹理。平面式、指纹式、焦锥式的排列见图 22（下方为偏光显微镜下看到的图案）。

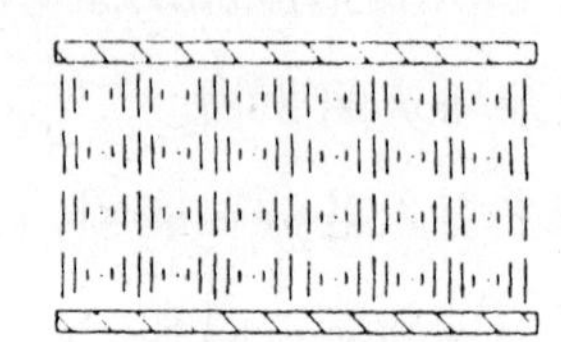

平面式　　焦锥式　　指纹式

图 22　液晶形态

胆固醇型液晶，因螺旋结构而对光有选择性反射，利用白光中的圆偏光（只有一种偏光被相同手性螺旋结构反射，其他的入射光可以通过），可以制造测热器件。更简单的是根据变色原理制成的温度计，广为人知。在医疗工作上，皮肤癌和乳癌之侦测也可在可疑部位涂上液晶，然后与正常皮肤显色比对。癌细胞代谢迅速，温度高于正常细胞。胆固醇型液晶对环境污染检测有所帮助，因为它们吸附气体后，颜色改变；不同气体有不同显示。

电场与磁场对液晶有巨大的影响力，向列型液晶相的介电性行为是各类光电应用之基础。用液晶材料制造以外加电场操作之显示器，在 1970 年代以后，发展很快。多项优点如小容积、微量耗电、低操作电压、易设计多色面板等，实在令人兴奋。不过因为它们不是发光型显示器，在暗处的清晰度、视角和环境温度受限制，是不可忽略的。最显著的用途，也许是电视和电脑的屏幕，大型屏幕在已往受制于高电压之需求，变压器之体积与重量是惊人的。其实，彩色投影电视系统，亦可利用手性向列型液晶去建造重要零件如偏光面板、滤片、光电调整器。

呈现红橙色及黄色的偶氮基和氧偶氮基液晶系列，具有双色性；吸收光线的能力在沿分子轴方向与其他方向不同。染料分子的迁移动量是沿分子轴的，而正双色染料（pleochroic dye）吸收沿长轴入射光；负双色染料吸收入射光垂直于分子长轴的向量。偶氮基液晶为正双色染料，红紫色的四系是负双色性的。

因为具有液晶性的染料分子不多，应用范围推广有赖于主客体效应。此法是以液晶主体分子的定向排列，使加入其中的棒形染料分子（本身无液晶性）也随着向列。图 23 所示显示器在无电场时从左方看到正双色染料分子的颜色，但通电后，液晶使染料分子主轴与视线相同，入射光通过（不反射）而不显色。据此原理构成的系统，染料也要有耐化性和耐光化性，适当的消光系数、双色比例，可溶于液晶主体等条件。到目前为止，和偶氮染料最为广用。至于要得到黑色，数种有宽频吸收的染料混合物可满足需求（总和是要吸

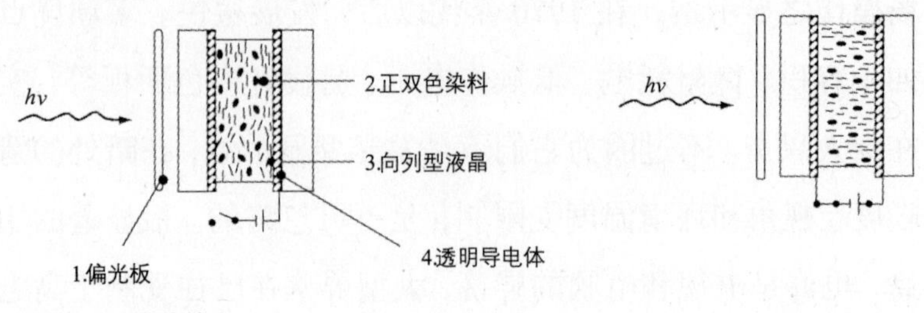

图 23　主客体效应

收全部可见光波)。又为了避免电化学破坏，离子性染料不可用。

主客体的安排，还有利用于非线性光学（NLO）材料的建构上。这些材料的倍频现象，把可见光波与紫外光波改变为近红外区光波，对光纤通讯助力很大。把具有高度超极化性的分子如 4-甲氨基-4'-硝基-苯乙烯掺入被加热软化的向列性液晶共聚物薄膜，用直流电场调整聚合物的液晶单元同时，也使加入的小分子定向。冷却时（电场维持），希望后者被固定。此法的确可行，但其实 NLO 结构单元也可以共价键与液晶性聚合物主体连接。

前面提到铁电性物质，是供应快速转换显示有特殊价值的。铁电性固体，已知之甚久，但具有该特性之层列型液晶在 1975 年才被发现。这些都是展现自发极化能力的绝缘体，向性可被电场逆转的。其结构单元有分离的正负极，这些偶极子集于一区，受外加电场作用一致取向，又随反向电场而转向。在高于某一温度（称为居里温度）时，热能克服了排列偶极子之力量，而使铁电性消失。铁电性液晶分子要有手性中心，横亘偶极矩，分子长轴与层面倾斜。如果置于两个电极之间，自发偶极矩会作两倍倾斜角之旋转。

阻光用的电子窗帘，构造并不复杂。液晶分子微胞处理后，粘着于透明电极玻璃板上，再覆盖另一电极玻璃。通电时，散乱排列的液晶分子重排，容许光线透过。焊接面罩，则配合硫化镉感光体控制电路开关。闪光触发液晶层在 30ms 内把光遮蔽。

我们还可遇到许多靠液晶性质设计的工具和器件。包括液晶型列印机、立体影像眼镜、红外线电视摄影机、超音波视像仪、透镜、棱镜（图 24）等。

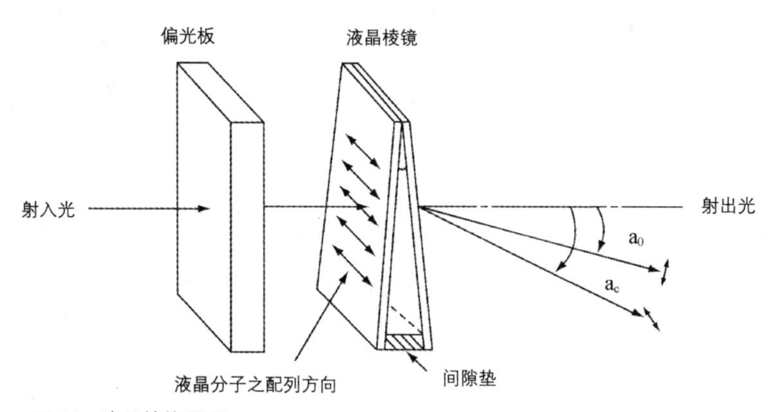

图 24　液晶棱镜原理

生物系统的液晶

液晶在生物体的重要性，实在难以估算。固醇类、脂肪类的化合物分布极广，细胞膜不能没有这些成分，而细胞分裂依赖具有液晶性的结构。细胞膜的功能是分隔并保持原生质，控制物质交换及传递讯号，非有介于刚柔之间的结构无以达成。细胞内的微管和微丝，似乎有向列型液晶的特性。如以光双折射为液晶特征，则多种组织如肌肉、卵巢、肾上腺、神经皆显示其存在。又从溶液观测，核酸、胶原蛋白、烟草花叶病毒都呈现液晶相。动脉粥样硬化与镰状细胞性贫血和液晶态有关联。随血液流动的胆固醇，存在于液晶相，而保持此状态要有磷脂。二者比例若起变化，则使胆固醇结晶析出而沉积在血管内壁，引起动脉粥样硬化。

生物体内有不少的类螺体（helicoid）结构，除了上面提及的胶原蛋白在人类腿骨及鸟类眼角膜有该形式存在，[①] 由几丁质纤维分布于固化蛋白质而成的甲虫外壳，[②]以至由纤维素和半纤维素组合的植物细胞壁，都属类螺体。因为它们太像扭向列型液晶，所以形成过程也最可能是经过分子在液晶相进行自组到完成后固化。

① 鸟眼角膜之胶原蛋白是夹杂于多糖基质的。功能为保持角膜的球状以避免发生视像差。

② 蜣螂是典型。

胆固醇型液晶应用

□胥智文

大自然物质的形体可区分为固体、液体、气体三种形态，其中固体具有固定体积与固定分子距离结构，液体则有固定体积但是分子却混乱排列，气体则无固定体积并且分子混乱排列。然而在1883年奥地利植物学家莱尼茨尔（Friedrich Reinitzer）发现一种物质，加温到150℃的时候会融化变成混浊液体状态，并且具有特殊光泽。再继续加温到180℃以上则变成透明的液体状态，再降低温度后又可以回复到混浊状态。于是当他向德国物理学家雷曼（Otto Lehmann）请教，透过架设可加温的显微镜并加上偏光镜作观察，发现此物质为具有固态晶体结构的流动液体，是介于固态晶体与液体之间的一种新状态，故称之为液晶，而这两位发现者也因此被尊称为液晶之父。

液晶依照分子排列结构区分为层列型液晶（sematic liquid crystal）、向列型液晶（nematic liquid crystal）与胆固醇型液晶（cholesteric liquid crystal，图 25）。其中层列型液晶具有层状结构，向列型液晶具有条状结构但是并无清楚层状排列，胆固醇型液晶则在液晶排列方向会有依照垂直轴向水平旋转的结构，当液晶方向旋转 360 度的时候所需要距离则称为一个旋距（pitch），通过调整液晶材料组成，则可以改变胆固醇型液晶的旋距。

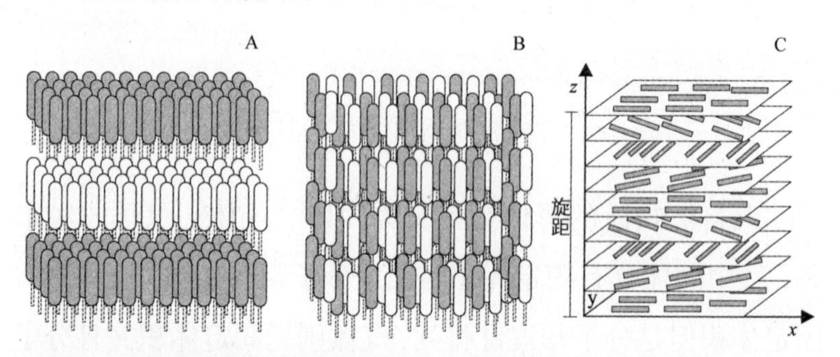

图 25　三种不同液晶分子结构示意图。（A）层列型液晶；（B）向列型液晶；（C）胆固醇型液晶。

胆固醇型液晶具有双稳态特性，就是说在自然存在状态下有两个稳定的状态，其中一个是平面状态（planar state），为液晶分子排列整齐可以反射特性波长光线的状态，通常称为亮态；另一个状态为焦点圆锥状态（focal conic state），其液晶分子排列混乱，会将入射光线散射，通常称之为暗态，此状态可以看到液晶层下一层物质的颜色。此外，还有一个暂时态则为垂直状态（homeotropic state），其液晶分子全部呈垂直排列，光线可全部穿透而能看到液晶层下一层物质的状态（图 26A）。

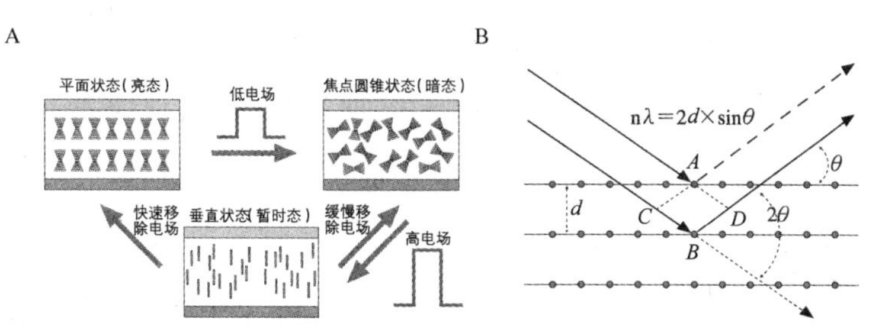

图 26 （A）胆固醇型液晶双稳态转换示意图。胆固醇型液晶可借由电压的高低不同，从暂时态切换成两种不同的稳定状态。（B）布拉格反射定律示意图。

这三个状态可以透过加诸在胆固醇型液晶的电场进行改变：当胆固醇型液晶处于平面状态时，可以加以较小电场以改变到焦点圆锥状态；当施加以较高电场时候则可以将液晶全部垂直排列转换成垂直状态。而在垂直状态下，若将电场快速移除则液晶回复到平面状态，若电场缓慢移除则液晶会变成焦点圆锥状态，所以透过加诸电场与移除快慢则可以改变胆固醇型液晶的状态。

胆固醇型液晶除了具有双稳态特性之外，也会遵守布拉格反射定律（Bragg’s reflection law，图 26B）。所谓布拉格反射定律就是当光线入射结晶格排列物质的时候，第一束光线遇到 *A* 点反射与第二束光线遇到 *B* 点反射，此两束光线所走路径差异为 *CB* 与 *BD* 两段距离，这两段距离总和为 $2d\times$

$\sin\theta$，其中 d 为周期结晶格之间距离，θ则为入射光线与物体表面夹角。若此两束光线所走距离的差异（$2d \times \sin\theta$）为入射光线波长（λ）的整数倍，则有建设性干涉现象。

因为胆固醇型液晶遵守布拉格反射定律，所以可透过调整液晶的旋距来调整反射光波长（图 27A）。当液晶旋距调整为让蓝色光线具有建设性干涉现象，则可以反射蓝色光线，使液晶显示出蓝色，同样道理也可以调整液晶旋距达到反射绿色、红色波长的效果，如此胆固醇型液晶便可以透过调整旋距而显示出不同颜色效果。利用此现象将胆固醇型液晶调整为反射黄色波长，再将底层涂以蓝色吸收层（图 27B），当胆固醇型液晶处在平面状态时候则能反射黄色效果，再加上底层蓝色吸收层，则两色光线可以组合成白色画面；当液晶处于焦点圆锥状态时候，光线仅反射底层蓝色吸收层颜色，所以只有蓝色，如此则可以制作蓝色、白色两种颜色之面板。

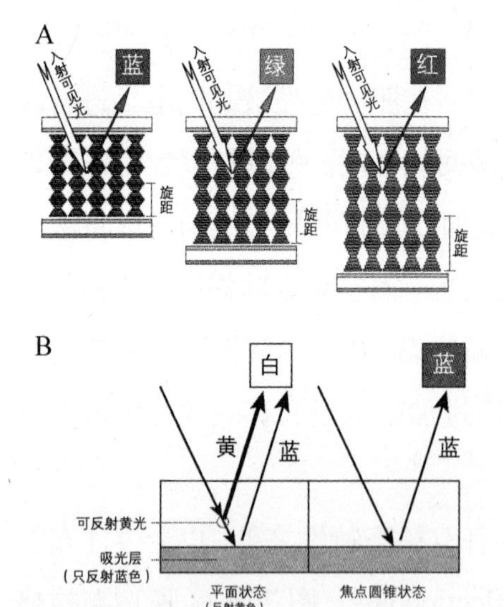

图 27 （A）胆固醇型液晶反射彩色光谱示意图，不同颜色其反射的位置有所不同以造成不同的干涉；（B）胆固醇型液晶显示蓝色、白色的原理，借由双稳态转换的不同与反射底板蓝色来调整呈现的颜色。

利用胆固醇型液晶可以反射不同颜色效果的特性，美国肯特显示公司（Kent Display Inc.，KDI）提出以三层堆叠方式达到全彩效果（图 28）。当要显示红色画面时候，则将蓝色、绿色面板驱动到焦点圆锥状态，红色面板驱动到平面状态；若要显示紫色画面则将蓝色与红色面板驱动到平面状态，只要将绿色面板驱动到焦点圆锥状态，以此类推则可以

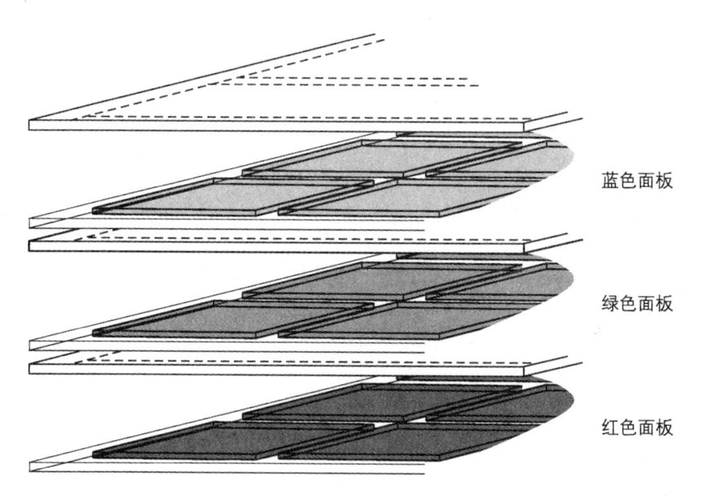

图 28　以三层堆叠方式显示全彩画面的结构图，除最上层外，每一层各负责一种光的三原色。

显示不同颜色。

肯特显示公司所开发的全彩面板放置于户外太阳底下，仍可以显示非常清楚的画面。此乃胆固醇型液晶的另一种特色：因为是反射式面板所以不需要背光模组，只要利用环境光反射就能显示画面，如同书本、纸张一样，在户外非常亮的环境仍可以清楚辨识，不像目前市售平面穿透型液晶显示

器，在户外强光下就无法看清楚画面。

胆固醇型液晶电子书

以胆固醇型液晶作为显示界面开发应用于电子书的产品，因为具有双稳态特性，当不提供电场的时候，画面可维持不变，具有非常省电的特质。此外胆固醇型液晶本身可以反射出不同颜色，不需要额外增加彩色零件即可显示不同颜色，所以各国公司利用此技术陆续开发电子书产品的应用。主要看重其省电优势，可以将数千本书籍内容储存于电子书后，长时间阅读不需要另外充电，并且由于其光源是采取反射式面板接近纸张的阅读方式，不容易造成眼睛疲劳。

这一类的电子书，最早于 2003 年由歌林公司开发出绿色、黑色的单色电子书产品 i-Library，利用绿色胆固醇型液晶与黑色底层吸收层，可以显示黑色与绿色画面。

后续日本松下公司（Panasonic）也以蓝色、白色显示方式开发出双荧幕的电子书产品 E-Book，可显示 16 灰阶效果，对于阅读漫画、图片已经可以清楚显示细致灰度变化。发展出三层堆叠技术的肯特显示公司也开发了单色电子书雏形，反射率超过 35%、对比大于 25，显示照片的效果良好。到了 2007 年日本富士通公司（Fujitsu）透过专利与技术转移获得肯特显示公司的技术，将三层堆叠结构应用于全彩电子书产品，并开始贩售八寸、十二寸两种规格的电子书，正式开启彩色电子书的产品阶段。

富士通公司利用三层堆叠结构，当三层液晶全部驱动于平面状态时，可以显示白色画面。最底层则为黑色吸收层，借以显示黑色画面，并且制作三层不同颜色胆固醇型液晶面板，再进行三层组合组装贴合，形成全彩显示的彩色面板。在 2005 年研发初期所开发堆叠的彩色面板仅有八个颜色，反射率仅有 18%，后透过液晶颜色的调整、驱动技术与系统改善、面板结构材料搭配设计等方面，陆续将反射率提升到 22%、25%，并且颜色也大幅改善到可以显示 4096 色，也就是能显示 16 灰阶效果。富士通以此规格开始贩售彩色电子书产品，其推出的两种尺寸规格与不同解析度，可以清楚显示漫画图画效果，并且创新应用于电子菜单、电子目录等产品，提供消费者最新产品状况以便购买，并且整合触控面板功能，方便使用者输入与做笔记需求。

在 2009 年的显示器国际会议（Society of Information Display，SID）上，富士通公司发表最新研发的改善规格，将反射率提升至 33%，颜色表现可达 26 万色，色饱和度可以达 19%。主要在面板结构上以光阻制作挡墙以控制基板之间的间隙，而不是使用传统以塑胶粒子作为间隙的控制材料，可以避免液晶在塑胶粒子周围的漏光，并且使液晶排列整齐，大幅提升反射率与对比。也由于解决了暗态漏光的问题，得以提升色彩表现达 19%，而光阻制作挡墙均匀性，与控制液晶均匀性的提高，则可提升灰阶表现能力，进而呈现更多色彩，达到 26 万色的显示效果。

同一场国际会议上，韩国三星公司（Samsung）也发表了以单层结构制作十寸彩色胆固醇型液晶面板的雏形，并且能以主动驱动方式驱动胆固醇型液晶，达到显示动画效果，其反应速率为25毫秒。但由于仅有单层结构，所以反射率只达10%，色彩表现饱和度为15%，而且有别于富士通公司的被动驱动方式——其更换画面需时超过10秒，对于使用者仍嫌过慢。所以主动驱动胆固醇型液晶具有快速更换画面、播放动画、静态不耗电显示等优点，势必为未来电子书发展重要趋势。由于富士通所发展的三层堆叠彩色化技术，主要是从美国肯特显示公司技术转移而来，所以在此会议中该公司也发表与富士通相同的彩色电子书产品。

在台湾胆固醇型液晶的研发也有多年经验，是其应用于电子书的显示技术以单层彩色化结构为主（图29）。此结构以光阻制作挡墙（bank），将每一像素作隔离，再用黏着层（adhesion layer）将上下基板作黏合，确保每一像素液晶不会混合；再使用目前平面显示器制程的真空注入方法，分别将红色、绿色、蓝色液晶注入画素区内，即可以分别控制像素液晶状态，达到显示彩色的效果。台湾工研院显示中心所

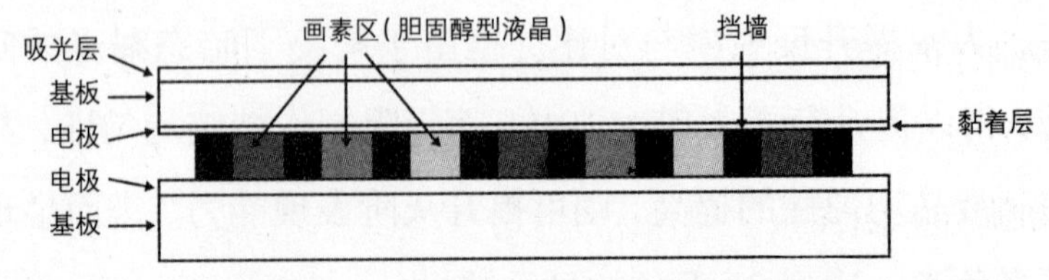

图29　台湾工研院显示中心所开发单层结构彩色胆固醇型液晶显示技术结构图

制作 10.4 寸四分之一视讯图形阵列（QVGA, 320×Red Green Blue×240）、解析度 40ppi（pixel per inch，每寸的像素数目）的彩色电子书雏形，分别于 2007 年、2008 年开发展示，在液晶材料、结构设计、制程改良、驱动技术等方面进行改善，可以达到对比大于 5、反射率大于 25%、512 色表现等性能。此种创新结构也有申请专利获得认证，以确保台湾工研院其自主专利性。

由于单层彩色化结构在设计上仅能利用三分之一光线亮度，为了提升反射率，台湾工研院显示中心又提出双单元（dual-cell）结构，以利用另一旋性的光线。先前介绍胆固醇型液晶具有轴像旋转的特性，所以仅能反射单一旋性的光线，另一旋性的光线则在穿透后被吸收掉。所以此双单元结构要制作两片同为左旋性胆固醇型液晶面板，中间夹一层半波板（λ/2 wave plate，图 30）。当右旋性光线通过第一片面板后经过半波板，会改变旋性为左旋光线，如此通过第二片面板反射时，可以大幅提升反射率。采用此结构制作的雏形于 2009 年底开发完成解析度 100ppi 的彩色电子书样品，其反射率超过 34%、4096 色表现、驱动电压小于 40 伏特，而在放大影像时仍可以清楚显示画面，并且透过光学模拟将白平衡作改善，达到白色画面时更接近白纸的表现。

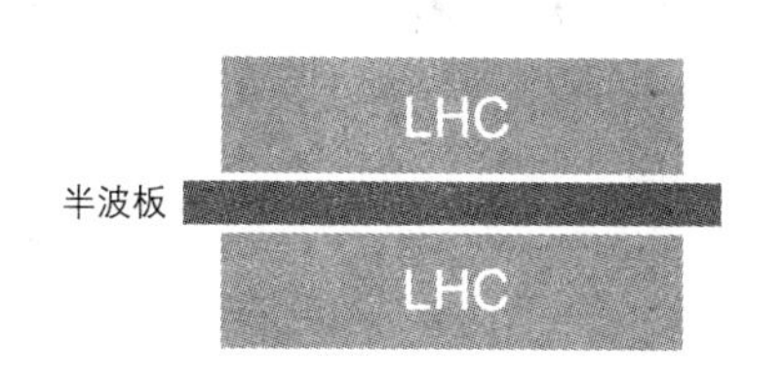

图 30　工研院显示中心开发双单元结构以提升反射率。LHC 为左旋性胆固醇型液晶面板之缩写。

胆固醇型液晶电子纸

对于电子纸的应用开发，各国也投入心力以开拓新的应用市场与产品。例如欧洲公司魔彩（Magink）以拼接数百片胆固醇型玻璃面板，制作成大型户外与室内广告看板，以取代以往大图印刷输出的广告纸张，做出长度为 2 米、宽度为 3 米的大型面板。由于是反射式面板，所以晚上需要外加灯光。制作出的面板规格反射率超过 33%、对比大于 40、色彩饱和度超过 34%，比杂志色彩表现（27%）更为优异。该公司将面板暗态驱动到垂直状态，可以将液晶完全垂直排列，所以大幅降低暗态反射率以提升对比。

除此之外，日本富士全录（Fuji Xerox）公司采用了聚对苯二甲酸乙二醇酯（polyethylene terephthalate，PET）塑胶基板，将微胞化胆固醇型液晶（polymer dispersed liquid crystal，PDLC，以高分子材料将液晶包覆形成微小胶囊状的方法）作为显示介质，并且增加一层光感应发电材料（optical photo conducting，OPC），如此一来，当有光线通过时会产生电压变化，因此可以透过照光方式，更换胆固醇型液晶面板画面，取代影印纸张的应用（图 31）。

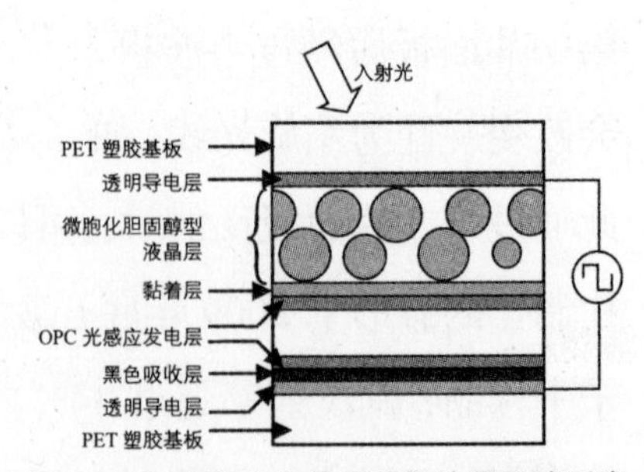

图 31　日本富士全录所开发的胆固醇型液晶电子纸剖面结构图，是以光感应的方式来改变画面。

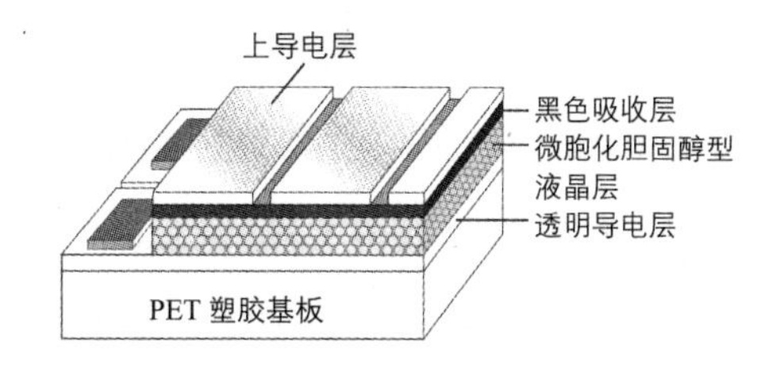

图 32　柯达公司所开发的单基板结构图

美国柯达（Kodak）公司也采用塑胶基板进行电子纸开发(图32)，结构以 PET 为基底，上面制作透明 ITO（indium tin oxide，ITO）导电层、微胞化胆固醇型液晶层、黑色吸收层（dark layer，DL）、上导电层（top conductors，C2），微胞化液晶以显微镜确认直径大小约为 10 微米。

柯达所开发出来的软性电子纸雏形，可以像纸张一样卷曲成筒状，更接近纸张的柔软可卷曲特性，而其制程采用连续式成卷方式（roll-to-roll），类似报纸印刷方式进行电子纸制作。第一道制程以激光蚀刻将透明导电层进行图案化，第二道制程则以精密涂布方式将已经分散均匀的微胞化胆固醇型液晶快速均匀地涂布在塑胶基板上面，并且同时涂布吸收层材料，达到快速生产低成本的制作方式。再来以网印制程将上导电层以银浆料图案化印刷于吸收层上，固化后即完成软性电子纸的制作，再依照客户需求剪裁大小。相关制程与专利技术已经于 2007 年技术转移给台湾工研院显示中心（图 33）。

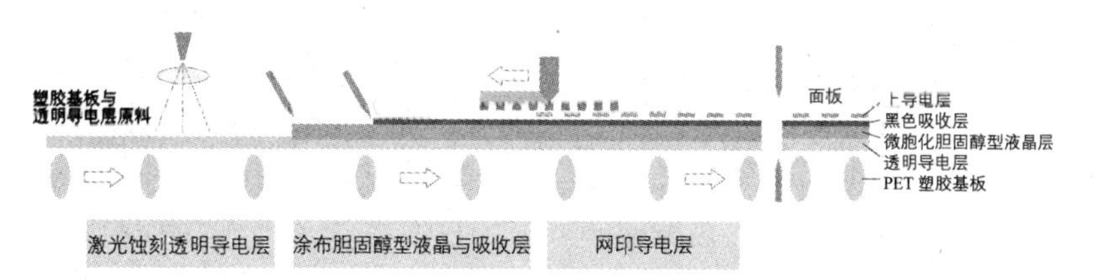

图 33　台湾工研院显示中心，自柯达公司技术转移得到的连续式制造技术流程说明。

如此连续制作出来的软性电子纸，透过改变液晶反射波长与吸收层材料颜色（nano-pigment, NP），得到的样品反射率可达35%、对比大于10、解析度30dpi（dot per inch）、驱动电压170伏特。其中吸收层材料以纳米等级大小之颜料混合而成，如此可以有各种不同的颜色组合。

除了以电压驱动胆固醇型液晶电子纸之外，台湾工研院显示中心也与南分院激光中心合作，开发以激光写入方式将画面进行重复写入的技术：利用激光写入区域将胆固醇型液晶局部加热，造成液晶转态而显示不同状态。因为激光光束直径大小约为10微米，可以写入高解析度的画面达225dpi，也因为高解析度而能将画面以空间分布达到灰阶效果。用类似列印纸张的方法将画面以微小区块分割，虽然仅有显示亮态、暗态效果，但是巨观呈现则有灰阶效果，可以清楚显示相片画质。

透过胆固醇型液晶不同写入驱动方式的呈现（电压写入、激光写入、热写入），可以应用在各种不同的电子纸产品，例如以电压写入应用于电子识别证（e-badge），可清楚显示8灰阶人像相片效果；还有以激光写入的高解析度电子台历（e-calendar）与电子贺卡，以及点阵式滚动电压驱动方式达到长度一米的电子字画（e-banner）。台湾工研院显示中心并且与一些知名设计公司合作开发具有艺术价值的造型软性电子时钟。大幅扩展电子纸在各种生活层面的应用产品。

2009 年年底显示中心更改需市售热写入列印模组，进行电子纸热写入样品，开发完成全世界最长（超过三米长度）的电子纸雏形，解析度达 200dpi 以上，不仅可以清晰表现中国国画细腻与灰阶效果，更具有画轴之意境，开创了新型中国电子书画的产品应用。若整合无线传输系统与热写入模组，将系统整合缩小化达到可以壁挂式方式呈现，则可无线传输电脑中的图片来更换画面，未来可以同时更换数十片电子字画产品，达到数位艺廊或居家书画布置效果。目前这些电子字画可重复写入次数超过 30 次，未来仍需要在液晶材料、写入均匀性控制、材料表面粗糙度、保护层材料等各方面进行改善，以达到写入次数上百次甚至千次的产品化需求。未来产品将更注重互动式需求，整合软性导电材料，利用压力感应不同电阻，达到讯号变化差异以更换画面。因为软性电子纸具有可卷曲方便携带、耐冲击、不易碎裂、省电等特性，未来应用面将可望改变人类生活。

国际上市售电子纸应用产品如美国肯特显示公司所生产的产品，可应用于电子商品外壳的颜色更换、电子卡片、电子手写板、移动硬盘显示幕等。其中电子手写板的原理，是利用胆固醇型液晶受到外部压力时，由焦点圆锥状态转换为平面状态的特性。如此设计单一电极像素，当书写完成后只需要按一下按钮提供电压作整个画面清除，就可以避免纸张使用浪费，具有电子白板的功能。而移动硬盘的显示幕，更可以让使用者清楚了解目前硬盘容量与储存内容，不需要额外提供电能作画面维持。这些都是已经市售的产品，提供电子纸产品更多样的选择。

未来市场与规划

韩国市场预测公司Displaybank于2008年预测了未来电子纸、电子书的市场：2017年电子纸（包含电子书）产值将超过65亿美金，其成长幅度也以曲线方式向上成长。

电子书的应用结合软件开发、系统整合、内容提供等布局，可以广泛应用于书籍、杂志、教科书、目录、广告等不同领域。在规格需求上则朝向彩色化表现、快速反应、节能省电等方面技术改善，而电子纸更将广泛应用到未来生活的不同角落，例如电子标签、卡片、识别证、电子外壳、电子书画、互动式广告、布告栏、情境墙面布置等创新应用。所需要的改善则在于系统整合、信赖性需求、使用方便性、互动式、色彩表现、节能省电模组设计等方面。

在不远的未来，电子书的普及将更有益于知识的传播与累积，让人人随身都能携带相当于一个图书馆的藏书。

染烫发的化学

□官常庆

三十年前，当你在路上看到一个红色或金色头发的人，几乎就可确定他是来自欧美地区的“阿斗仔”；但是现在就不是这样，不论在街上、在办公室，甚至在校园内，到处可见到顶着一头又酷又炫的彩色头发的人，再看其脸孔、鼻子也都很东方，当然没有人会以为是头发的基因改变，最直接的感觉就是化妆品科技进步了。

广义的化妆品

化妆品的定义就说明了其功用——化妆品是使用在人体

外表，能达到清洁、美化、改善皮肤等目的的产品；因此由狭义的化妆品，如面霜、乳液、化妆水、香水，到广义的化妆品包括染发液、烫发液、指甲油、制臭止汗剂、牙膏、漱口水等，这些化妆品使用上，几乎只有改善毛发或皮肤的物理性质，例如使皮肤角质柔软含水量增加、头发柔软或定型，但是有些化妆品在使用时，却有些特别的作用，如染发液、烫发液在使用过程中，就会发生一些化学反应，所以我国“化妆品管理条例”就把这一类产品列为含有毒剧药品之化妆品，“毒剧”两字用的似乎太严重了，因为化妆品管理条例中把化妆品分成两大类，一类为一般化妆品，另一类为含药化妆品（含有毒剧药品之产品），染发液和烫发液含有对苯二胺和硫代甘醇酸盐，所以就归到毒剧类了，不能食用，即使是使用于人体，使用前也需先做过敏测试，在美国国内贩售的染发液、烫发液，其使用说明书上都标示着：使用之前半小时，先在手臂内侧或耳后的皮肤涂上一点点，然后观察是否有红肿或过敏的反应,若无不良反应才可以使用，这种很完善的商品标示法，值得我们的消费者保护法学习。

头发的结构

染发液、烫发液与一般化妆品的最大差异，就是会产生化学反应，并且影响头发的生理结构，所以，首先要先了解头发的结构和生理。我们一般所看到的头发，都只是看到头发的发干部分，属于头发的生长期；其实，人体上的毛发生长分为三期——成长期、退化期、休止期。成长期都在头皮下毛囊的毛母组织进行，一般而言，这样一个周期约有二至六年，平均每天有 50 — 100 根毛发掉落，没掉的毛发每天增长约 0.3 — 0.5 毫米。然而，有人长发披肩发质就已变差，有人却能长发拖地，如果按照一般头发的生命，长发拖地是特殊的例子，就像现今人的寿命平均七八十年，也有人是长命百岁以上。

另外，人种的不同，头发的颜色也有所差异，东方人是棕黑色，非洲人有着深黑色的毛发，欧洲人有咖啡色、浅棕色、红色、金色等不同颜色的头发，这些毛发颜色上的差异，与头发的结构无关，而是与头发的色素有关，这些色素的主要来源即是黑色素，而黑色素可分为两种：真黑色素（eumelanin）、嗜铬黑色素（pheomelanin），当这两种色素的比例不同时，就会呈现不一样的颜色，但比例与遗传有着密切的关系，这是人们无法选择的。爱美是人的天性，现代人为了追求美观和多变，希望能够任意改变头发的颜色（图34）。其实，早期的埃及人和中国人就已经懂得从天然植物中，萃取出天然的色素（如指甲花、胭脂花等）染在头发上，如此就能暂时的改变头发颜色，可是，洗过几次头发后，染上的颜色就会被冲洗掉，而恢复头发原来的颜色，像这样就称为暂时性染发剂。因为染料分子太大，无法和头发结构融合在一起，染料只能覆盖在头发表面，所以洗几次之后就会掉颜色。至于长久性的染发剂，其原理较为复杂，就

图 34 现代人为了追求美观和多变，常常改变头发的颜色与造型。

必须要先了解头发的结构。

头发的结构和头发的外观形状有关，有的人是直发，有些人是波浪形的卷发，还有一些非洲民族就有一头很卷曲的头发；如果把头发横切开来就会看到三个层次，一根头发的最外层称为毛表皮，中间层为毛皮质，内层为毛髓质。毛表皮是扁平的鳞状结构，像屋瓦一样一片一片地重叠上去，所以梳头发时要顺着头皮往外梳，才不会伤到头发；毛髓质是一些黏稠的液体和气泡，可输送水分和养分，使头发能保持固定的含水量而不会太干燥，另外头皮上的皮脂腺，也会分泌油脂覆盖在头发表面，使其外观光亮秀丽，同时也有保持住水分的功用，才不至于成为枯草般的头发。头发也是表皮细胞的一种，其皮质细胞呈纤维状，长约 100 微米，由多数巨大纤维体组成，如果细看毛皮质，其内部就像一条大绳子，由很多小细绳编织成，这些小细绳再由很多小纤维编织成，小纤维就是蛋白质的多胜肽链，纤维细胞内有细胞膜复合体和细胞间质像胶水似的把纤维结合在一起。头发的主要成分大部分为蛋白质，分别由十八种氨基酸组成，其中又以胱氨酸为主，若以化学的观点来看毛发，这些氨基酸以多胜肽键沿着毛发长轴形成主链，而主链与主链之间又有侧链的结合，侧链是以二硫键、胜肽键，氢键和离子键为主，其中以二硫键（胱氨酸键结）、胜肽键较强，而离子键和氢键则容易受酸碱度和温度的影响。

染发的科学

长久型染发液为了使染料不被冲洗掉，就必须使染料和头发结合在一起，但是头发的角蛋白很稳定，对一般的酸碱性物质耐受度很强，不容易和染料产生化学键，所以改用物理性的结合，也就是把染料分子和头发的纤维编织在一起（图 35），但是分子量太小的染料容易被清洗掉，分子量较大的分子又无法插入纤维之中，为了使大分子的染料和头发结合，就在头顶的毛发上成立染料工厂生产染料，让染料的前驱物质（对苯二胺）先渗透到头发纤维中，然后起氧化反应，聚合成较大分子的

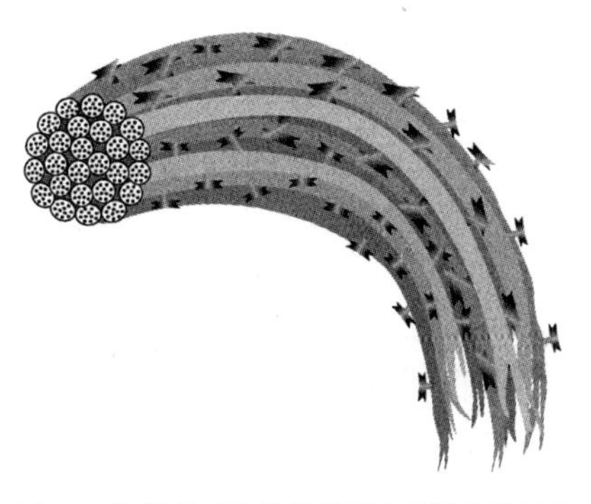

图 35　染料分子和头发的蛋白质纤维编结在一起，达成染发目的。

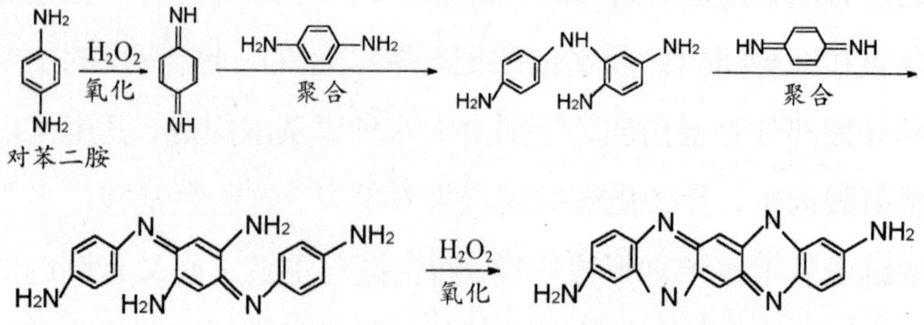

对苯二胺加上过氧化氢后，引发一连串的聚合作用以增大分子量，进而牢固地插在头发纤维中。

染料（见上式），这样就能够把染料分子与蛋白质纤维编织结合在一起。染发液的染料是一种氧化染料，例如黑色的染料主要成分为对苯二胺，如果加入不同的酚类、氨基酚、萘酚等发色剂，聚合的染料就可呈现各种不同的颜色。

而引起氧化反应的氧化剂，最常使用的则为过氧化氢的水溶液，即过氧化氢。为了使耦合反应在使用时才发生，平常市面上卖的染发剂就分成两瓶，一瓶装对苯二胺为主的药剂，另一瓶则装过氧化氢为主的药剂，染发时将二瓶等量混合均匀，在变黑之前快速涂抹于头发上（尽量避免与皮肤接触），于室温下停留约 30 分钟，使对苯二胺渗透入头发然后在头发上聚合成所要的颜色，然后用洗发精把多余的药剂清洗掉，如此就完成染发了。

烫发的科学

烫发液也是在头发上进行化学反应，因为人类原本的发型与基因有关，当蛋白质的多胜肽链间的一些化学键，生成的位置相对应时就会形成直发（图 36），而如果对应的位置有距离差则为卷发，介于中间即成波浪形发。因此若要改变发型就需把多胜链间的化学键重新整合，使其在适当的位置生成新的化学键，头发就可以依自己喜欢的形态定型。

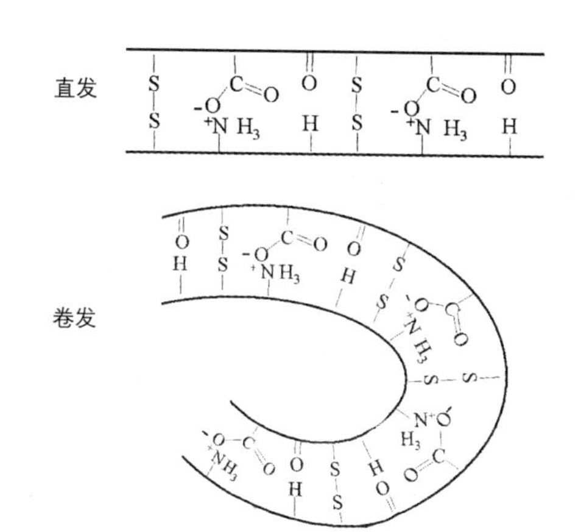

图 36　直发与卷发的内部化学键结差异

头发内多胜肽链间主要的四种作用力为氢键、离子键、胜肽键、胱氨酸键，其中氢键容易受温度和盐类的影响而破坏，离子键则易受温度和盐类的影响而破坏，而胜肽键和胱氨酸键的键结较强，必须用强酸、强碱或还原剂（硫代甘醇酸）来行断键的反应。改变发型需打开多胜肽链间的作用力，定型后再把作用力还原过来，可用弱酸性缓冲溶液和氧化剂（溴酸钠）来恢复作用力。这样断键再生成新键是两个步骤，因此烫发液需分为甲、乙两剂药水分别进行，这一点有别于染发液是将甲、乙两剂药水混合后使用。

烫发液的第一剂既然能打断多胜肽链间的化学键，当然也会打断多胜肽链的键结，当毛发的多胜肽蛋白质键被打断，毛发本身也会断落，因此硫代甘醇酸和碱也是除毛剂的主要成分。

综合前面的观点看来，染发液和烫发液两者都会影响到头发的基础构造，当然也会损坏到头发的健康，所以人们在染发或烫发之前，一定要慎选染发液和烫发液；染烫发之后，对头发的保养和照顾就很重要，对于洗发精、润丝精和护发霜的选用更需特别注重。

热敷包与冷敷包的化学原理

□施建辉

寒流来临，各种御寒用品纷纷派上用场，卖场最热销的是各种电暖器，它能使屋内温暖如春，但是对于手脚特别容易冰冷的人，可是最佳的选择。运动时若不慎拉伤或扭伤，专家常提醒绝对不可搓揉，而是应该在 24 小时内进行冰敷，使伤害不至扩大。简单的冰敷是使用毛巾包着冰块，另一个选择则是使用冷敷包。热敷包与冷敷包都是化学反应伴随的热效应的应用。在人们需要时，热敷包借着化学反应释出热量，提供人们温暖；冷敷包则是借着化学反应吸收热量，达到降温的功效。本文将为各位读者介绍常见的热敷包、冷敷包及其化学反应。

顾名思义，热敷包必是放热反应，市面上常见到的热敷包有两种，其一是不可逆的，用完即丢，另一种是可逆的，可以重复使用。大家都知道燃烧会发光发热，其实燃烧是一种激烈的氧化反应；铁生锈也是一种氧化反应，只是因为速率太慢，我们无法感受其放出的热量。化学课本告诉我们，增加接触面积是增快反应速率的方法之一，因此在热敷包内装入铁粉以加速反应，再加入少量水与盐促使反应的进行。这种热敷包只要用手搓揉，使水及盐分与铁粉混合即可生热。这种热敷包使用后因为铁粉已经氧化，无法轻易回复原样，因此仅能使用一次，属于不可逆。

另一种热敷包（即热敷袋）则是利用过饱和溶液析出过量的溶质时放热的特性而制成。溶质在溶剂中溶解形成溶液，一般溶质在溶剂中溶解会有最大限度，如此形成的溶液称为饱和溶液。在溶液达到饱和状态后，无法再溶解更多的溶质，但某些溶质可加热使之溶解，而且当降温时，并未有任

图 37　醋酸钠的过饱和溶液，加入晶种后析出溶质。

何溶质析出，此时溶液即是过饱和状态。在过饱和溶液中加入晶种，即可令其析出过多的溶质并且释放热量（图 37）。

最常被用来制备过饱和溶液的是醋酸钠（CH_3COONa），目前市面上贩售的热敷袋就是醋酸钠的过饱和溶液。当里面的铁片折弯时，即是扮演晶种的角色，使溶解过量的醋酸钠析出并且放热。这种热敷包使用后放入热水中加热，又可回复到过饱和状态重复使用，所以是可逆的装置。

冷敷包当然是吸热反应的应用，先来看一个神奇的吸热反应。在烧杯中加入氢氧化钡［$Ba(OH)_2 \cdot 8H_2O$］与氯化铵（NH_4Cl），直接以玻璃棒搅拌，温度可降低至－15℃！氢氧化钡与氯化铵的反应式如下：

$$Ba(OH)_2 \cdot 8H_2O + 2NH_4Cl + \text{热} \rightarrow BaCl_2 + 2NH_3 + 10H_2O$$

利用这个吸热反应的效果，进行一项“化学大力士”的趣味化学实验：给定量的氢氧化钡与氯化铵，各组利用吸热的效应，设法将烧杯与木片粘成一体，将烧杯举起，木片并不掉下视为成功（图 38）。成功的组别在木片上放置砝码，比赛哪一组承载力最强。为何烧杯与木片能够粘成一体？技巧是加水，而且是加在烧杯外而不是烧杯内。在烧杯与木片的接触处滴加少量水，利用烧杯内进行的吸热反应，使得这些水结冰而将烧杯与木片粘成一体，笔者在学校进行的比赛中，就曾见过一组在木片上放了超过 4 千克的砝码而未掉落的成功例子！

图38　利用氢氧化钡与氯化铵的吸热反应，可轻易地举起烧杯与木片，甚至木片还可承载砝码而不掉落。

冷敷包必须方便好用，当然不能如上面的反应（需要搅拌）。最常用的冷敷用品其实是冰枕，使用前将它放进冷冻库冷冻，需要时取出并以毛巾包裹，即可放在受伤处而达到冷敷的效果。但是如果在户外或急需时，就需借助冷敷包了。有一种冷敷包是在袋中装有硫酸钠晶体（$Na_2SO_4 \cdot 10H_2O$）、硝酸铵（NH_4NO_3）、硫酸铵［$(NH_4)_2SO_4$］与硫酸氢钠（$NaHSO_4$），使用时，只要用手搓揉冷敷包，使得硫酸钠晶体释出结晶水，这个过程即是吸热反应，释出的水溶解其他盐类再度吸热，因此可达到降温的效果。其反应式如下：

$$Na_2SO_4 \cdot 10H_2O_{(s)} + 热 \rightarrow 2Na^+_{(aq)} + SO_4^{2-}{}_{(aq)} + 10H_2O_{(l)}$$

以上两种化学反应的实际应用，处处显示化学和生活息息相关，经由化学家巧妙的设计，即可为生活带来很大的便利。

笔者多年前曾在量贩店看到一种自动加热的盒餐，基于本身是化学老师的背景，对这种盒餐当然甚感好奇，就买了一个回家试用，并了解其设计内容。这种盒餐的构造与使用方法是这样的：外壳是厚纸板，里面有两层，两层中间是有很多小孔的厚纸板，使用时需将上层的铝箔包撕开并将其中的菜肴倒入经过脱水处理的米饭上，盖紧上盖后，将下层露出厚纸板的线用力拉扯，静待约 15 分钟，即可享用热腾腾的盒餐了。笔者食用的感觉还不错，脱水的米粒变软了，菜肴的热度也够。

我对它的原理当然好奇，经拆解并观察后，不禁为化学家喝彩，这又是一个巧妙的设计。原来下层放了石灰，而那一条线是连接在水袋（注意：又是薄塑胶袋装水）上，当拉扯线后，水袋即破裂，流出的水与石灰反应而放热，这些热再使水形成热蒸气通过小孔，使上层的菜肴受热并使干米粒吸水而软化。这个反应是初中以上学生很熟悉的：生石灰加水变成熟石灰，为何称之为熟石灰？因为放热的缘故！其反应式如下：

$$CaO + H_2O \rightarrow Ca(OH)_2 + 热$$

仔细观察，餐盒内部贴上铝箔，这是利用物理热学原理——金属反射辐射热，降低餐盒内的热能外溢，以提升盒餐温度。这个商品的设计，结合了物理与化学的原理，可说是又巧妙又有趣，但是食用的感觉是，虽然尚可，但是还是不如亲自烹调的美味，尤其这个商品使用不少资源，实在不够环保，可能由于这些原因，现在已经找不到这种商品了。

这个实例与热敷包、冷敷包一样，说明了我们对化学了解越清楚越深入，并将之用于有益之处以改善生活品质，是化学最大的贡献。由此可知，化学与我们日常生活非常亲近，也因此，化学的某些负面形象（污染、有毒等）也可获得澄清，化学是我们生活中不可或缺的学科，也是我们的良师益友。

认识活化能与低限能

□苏志明　张荆坜

在高中化学课程中，仅有一章“反应速率”为介绍反应动力学的章节，此章引进“碰撞理论”来解释化学反应是否发生。在教学过程中，高中老师常会遇到这样的问题：化学反应热的大小会受温度的影响，而反应动力学又推论说，正、逆反应活化能的差等于该反应的反应热；可是在相同的教材中，却又一直认为活化能不受温度影响。

很明显，前后说法有矛盾，这其中一定有一论述环节出了问题。其实，整个问题导源于现行高中化学课本，对活化能与低限能的定义以及两者彼此之间的关系，未能有清楚且一致的交代。本文希望能就这些议题做比较仔细的说明，提供给各位读者参考。

从碰撞理论说起

以分子碰撞的微观角度，来说明化学反应是否发生的理论，称为碰撞理论（collision theory）。根据碰撞理论，一个化学反应要进行，反应物彼此之间必须碰撞，但并不是每次碰撞反应都会顺利进行而得到产物，还必须进一步考虑碰撞时的方位与能量。高中化学里所叙述的碰撞方位概念相当具体，较无争议。本文将只就碰撞时所牵涉的能量问题做进一步的说明。

在反应进行过程中，反应系统内，物种的势能会随反应的进行有所变化。以反应进行的方向为横轴，反应物种的势能为纵轴，所绘制的图称为反应势能图。以反应 $AB + C \longrightarrow BC$ 为例，图 39 中的灰色曲线为其反应势能图。如图所示，当 AB 与 C 以正确方位碰撞后，会形成能量很高的物质，称为活化络合物（activated complex），此时新的 B－C 化学键正逐渐形成，而旧的 A－B 化学键尚未完全破坏。活化络合物处于一种过渡状态，可继续反应生成产物，也可以变回原本的反应物。活化络合物与反应物的势能差值，称为反应的低限能（threshold energy，E_t）（图 39）。本文中，我们不考虑分子体系的量子效应，也就是说，低限能即是化学动力学中常称的势能障碍（barrier height 或 potential barrier）。

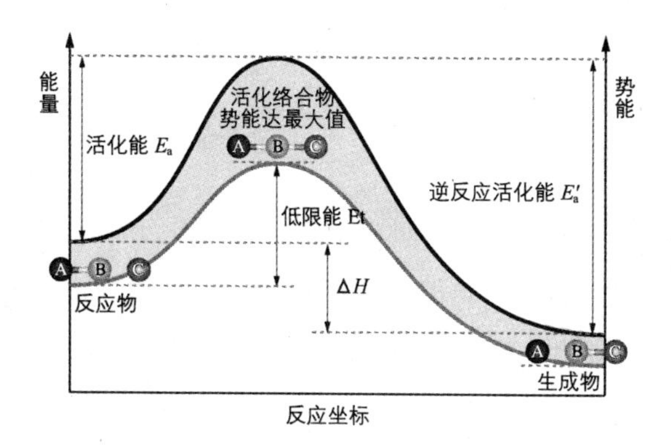

图 39　AB 与 C 反应的能量变化图，其中灰色曲线为反应势能变化，黑色曲线为反应能量变化，两者之间的区域，则为反应物种所具有的热能。

但在某反应温度下，物质除了势能，还具有该温度下的热能（thermal energy），图 39 中的黑色曲线，则是表示反应过程中物质的能量（势能＋热能）的变化。能生成产物的活化络合物能量与反应物能量的差值，则称为活化能（activation energy, E_a）。

反应物除了必须有正确的碰撞方位，还必须具有足够的能量超越能量障碍，才能发生反应。在一定温度下，要能发生反应所需要额外的平均能量，即是活化能。在此的“额外平均能量”是指相对于反应物本身的平均能量而言。由图 39 所示，此量可视为一能量障碍，但不可和势能障碍混用。活化能越大，反应越不易发生，反应速率将越小。

活化络合物与反应物的总能量差值，称为正向反应的活化能（E_a）；活化络合物与产物的能量差值，称为逆向反应的活化能（E_a'）。从图 39 中得知，反应热（ΔH）为此两活化能的差值，即$\Delta H = E_a - E_a'$。

进一步了解活化能

既然活化能的概念这么抽象，那我们要怎么测量呢？对某一化学反应，我们可改变温度，量得一系列的反应速率常数。再依照阿伦尼乌斯方程式（Arrhenius equation）：$k = Ae^{-Ea/RT}$，取自然对数得 $\ln k = -E_a/RT + \ln A$，其中 k 为速率常数，E_a 为活化能，R 为气体常数，T 为绝对温度，A 为阿伦尼乌斯常数。如果求得的实验 $\ln k$ 和 $1/T$ 呈线性关系，则可以 $\ln k$ 对 $1/T$ 作图，其斜率即为$-E_a/R$，即可求出 E_a 值。亦即在此实验温度范围内，活化能为一定值。但如果无此线性关系，则需依 $E_a = RT^2 (\frac{d\ln k}{dT})$，求得某一温度的 E_a。

活化能指的是能生成产物的活化络合物能量与反应物能量之间的差值。在此笔者进一步厘清何谓“能生成产物的活化络合物能量”。以虚拟的活化络合物为例，如图40，假设此络合物只有三个能阶：E_1，

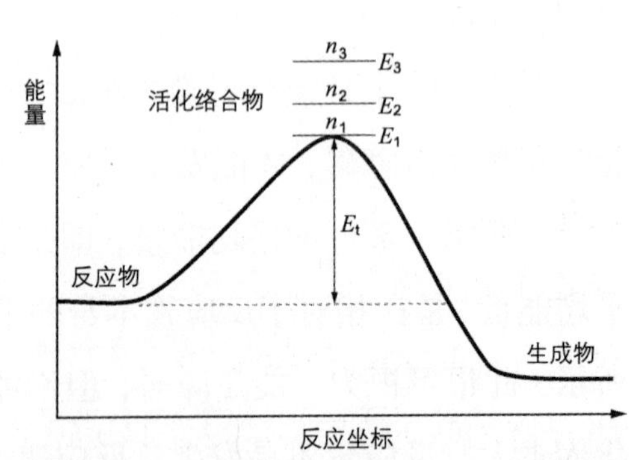

图 40　活化络合物的能阶示意图，实线表示其势能变化情形。

E_2，E_3（在此 $E_3 > E_2 > E_1$，且暂不考虑势能，亦即 E_1 设为0），其热平衡时的分子数分别为 n_1，n_2，n_3，而各能阶可以

进行的反应几率分别为 P_1，P_2，P_3。则能反应的活化络合物的热能可以式 A 表示：

$$<E>=\frac{\Sigma n_i P_i E_i}{\Sigma n_i P_i},$$

式中 $<E>$ 代表平均能量，在此即热能。如果每一能阶反应机会相等，亦即 $P_1=P_2=P_3$，则此式可简化为式 B：

$$<E>_0=\frac{\Sigma n_i E_i}{\Sigma n_i}$$

其中，$<E>_0$ 即为热力学中所定义的热能。

但平常碰到的化学反应，活化络合物的能量越高，反应机会越大，亦即 $P_3>P_2>P_1$。则取上述式 A 和式 B 的差，经过一些代数运算，可知 $<E>$ 必定会大于 $<E>_0$。同样的，如 $P_3>P_2>P_1$，当温度增高，能反应的活化络合物热能的增加量，会大于热力学热能的增加量。也就是说，就一般化学反应而言，活化能的大小会随温度而改变，且其改变量常常大于热力学反应热的改变量。只有在式 B 的特定条件下，两者的量才相等。注意，在上述公式中，只考虑活化络合物之热能随着温度可能的变化情形。

一般高中化学教材，常将活化能视为活化络合物与反应物的势能差值，而将低限能视为会发生反应所需的最小动能。这些均属于化学动力学发展过程中，早期所遗留下来的概念或说法。但经过这么多年来的发展，化学动力学工作者已逐渐对这些专有名词，建立起一致的解释及定义了。本文希望能就这些名词和概念有所厘清。

妙用无穷的低熔点金属

□李国兴　储三阳

谈到金属熔点，我们很自然会想到两个极端例子，一是高熔点的灯泡钨丝；二是低熔点、常温之下为液体的汞。金属由固态转为液态，显然是代表原子间结合力的松绑，因此金属熔点的高低应该和原子间键结强弱有关。一个金属间的弱键会导致它的金属键在低温即会松绑，而表现出低熔点。

各种金属元素

已知的元素中，有 82%是金属。在金属中，原子群会分享它们的价电子。我们可以想象金属的晶格结构，是脱去价电子后带正电荷的离子群，被共用的价电子“海”包在一起。这电子海的模型可以说明很多金属的特性，举例来说，金属之所以导电，就是因为共用的电子可以自由的移动，假如拿走金属某一部位上的一个电子，其周遭区域的电子就会填补这个洞。

金属能够被拉成细线，或槌打成薄片，就是因为金属离子能互相滑动而共享的电子海并不受影响。电子海模型也可以帮助我们了解金属的硬度和熔点趋向。高熔点的坚硬金属比低熔点的柔软金属具有更多的共享价电子，例如铍（Be）比锂（Li）的熔点高，因为 Be^{2+}的离子提供两个电子形成的电子海，而 Li^{+}的离子只提供一个电子形成的电子海。而硼能提供三个电子，熔点更高。

第三周期的钠、镁、铝也有相似的趋势。重的碱金属，电子海松散，原子间键结力弱，熔点特别低。铷（Rb）是一种银白色的金属，熔点是 39.5 ℃，因此会像 M&M 巧克力所说“只溶你口，不溶你手”，实际上，它遇水会激烈反应形成一种强碱RbOH，在空气中会爆炸出火花形成氧化物。在它下面的铯呈现金色，它是除铜和金外，第三个非银色金属，熔点是 28.4 ℃，刚好比室温高一些，除了汞以外，是第二低熔点的金属。

周期表右侧的重元素 d 电子填满，外层虽有多个价电子（s 及 p 电子），却显示熔点异常现象，例如镓（Ga）和铟（In），比起同族的硼（B）和铝（Al），熔点明显下降。镓熔点是 29.8 ℃，它一旦熔解，即使室温已经远低于它的熔点，它仍会维持数小时的液态超流体，但它的沸点高达 2000 ℃，因此利用这个特性，做成测温范围极宽的温度计。

在高加索山脉深处有一大池约二百吨的纯液态镓，这是俄罗斯用来侦测太阳微中子的设备。听说数年前，有一批窃贼准备好了吸管装备来偷取这些镓，但作案时被逮个正着。镓是门捷列夫利用周期表预测到的第一个元素，他称为“后铝”（eka-aluminum）。在他预测六年后，的确找到此元素，使得一些对周期表抱持怀疑态度的科学家们，终于体会到周期表的潜力所在。

过渡性元素均为金属元素，由于它们的原子半径一般较

	IA	IIA	IB	IIB	IIIA	IVA	VA
n=2	Li $2s^1$ 180.5℃	Be $2s^2$ 1287			B $2s^22p^1$ 2027	C $2s^22p^2$ —	N $2s^22p^3$ -210.0
n=3	Na $3s^1$ 97.8	Mg $3s^2$ 649			Al $3s^23p^1$ 660.1	Si $3s^23p^2$ 1412	P $3s^23p^3$ 44.2
n=4	K $4s^1$ 63.2	Ca $4s^2$ 839	Cu $3d^{10}4s^1$ 1084.5	Zn $3d^{10}4s^2$ 419.6	Ga $4s^24p^1$ 29.8	Ge $4s^24p^2$ 937.3	As $4s^24p^3$ —
n=5	Rb $5s^1$ 39.5	Sr $5s^2$ 768	Ag $4d^{10}5s^1$ 961.9	Cd $4d^{10}5s^2$ 321.1	In $5s^25p^1$ 156.6	Sn $5s^25p^2$ 231.9	Sb $5s^25p^3$ 631
n=6	Cs $6s^1$ 28.4	Ba $6s^2$ 729	Au $5d^{10}6s^1$ 1064	Hg $5d^{10}6s^2$ -39	Tl $6s^26p^1$ 304	Pb $6s^26p$ 327.5	Bi $6s^26p^3$ 271.4

周期表上元素的熔点（℃），碳和砷常压下有升华现象，即液态不存在。左侧 n 为周期数。

小，在纯金属中除外层 *n*s 电子参与键结外，还有未填满的（*n* −1）d 电子参与键结，因此有较强的金属键，所以它们具有较高的熔点。本文不再进一步地讨论它们。

重元素熔点下降以汞为例

在周期表中同族的重元素的熔点有明显下降趋势，显然是由于原子间键结减弱。同一周期的重元素，例如ⅡB 族（Zn, Cd, Hg）及ⅢA 族（Ga, In, Tl）最为明显，因为外层的 s 价电子，会受到下述的相对论稳定效应影响，而降低它有效参与电子海的键结作用。这效应要在高周期的重金属特别明显，以下先看一个最明显的低熔点元素汞。

汞（Hg）在很多方面是令人费解的，它在常温常压下是液体，熔点−39℃，但是在周期表上邻近的元素都是固体，汞的活性远低于镉或锌，它难以氧化而且也不传导电和热。Hg-Hg 键非常弱，因为它的价电子相似于氦原子，不准备分享它的外层 6s 电子对，事实上，汞是气态中唯一不存在双原子分子的金属，Hg-Hg 间弱的键结很容易被热打断，比起其他金属，汞的熔点和沸点甚低。由于价电子键结弱，电子海无法有效成形，使得汞传导电和热的能力不如预期。

至于汞的 6s 价电子到底有何异常？由于 s 电子没有角动量，有机会贴近重原子核运动，这使得速度接近光速，当物体在如此高速运动时，相对论的质量−速率效应就会发生，会使 1s 芯电子的有效质量增加，也使得它轨道明显收缩，这也就间接造成 6s 轨道的收缩，使它们渗入芯电子中，轨道能量显著下降，结果电子惰性增加，不会有效参与化学反应。

汞的邻居金和铊

如果比较金、汞和铊三个相邻原子的电子组态，三者外层价电子分别为 $6s^1$、$6s^2$ 及 $6s^26p^1$，而三者芯电子皆为〔Kr〕$4d^{10}4f^{14}5s^25p^65d^{10}$。此三原子均有非常低能量的 6s 轨道，但是金的 6s 轨道是只有半填满，乐于再接受一个电子而形成键结，的确它的金属—金属键就如预期一般变强，金的熔点高达 1064℃，密度高达 19.3，远大于汞的 13.5。虽然它的 6s 电子能量受到相对论效应而下移，但尚有空缺，所以金有极高的阴电性，相当于硫原子。

铊较汞重，所以 6s 电子对比汞更具惰性，但铊的实际外层是 6p 电子，因为 p 电子不能像 s 电子一般容易贴近原子核，而且 p 轨道有一个经过原子核的节面，所以它受到的相对论稳定作用力较小，6p 电子比 6s 电子活泼。这也就可以解释为何铊最常见的离子是 Tl^+，而不是像ⅢA 族中轻原子硼、铝等的三价阳离子，它们的三个价电子都容易解离。

而 Tl^+ 不肯再脱掉稳定的 6s 电子对的情况，类似现象的有稳定的二价铅，可以保留 6s 电子对，虽然它有四个价电子 $6s^26p^2$。除此之外，铋的三价也是个稳定状态，虽然有五个价电子 $6s^26p^3$，这是无机化学上“惰性 $6s^2$ 电子对”效应，是由施威克（Sidgwick）在 1933 年提出。

这种相对论效应，当然不限于第六周期元素。但进入第五、第四等低周期元素，这效应会递减。一个有趣的对照是低周期元素（n ＝ 2,3），IA→IIA→IIIA 元素熔点递增，价电子数增加，是 s^1，s^2，s^2p^1，但是重元素（n ＝ 4,5,6）的 IB→IIB→IIIA，外层价电子组态和上述系列相似，价电子也在增加，但熔点却是下降（Tl 例外）。

低熔点合金

纯金属元素会有一特定的熔点，当加入其他元素时，通常熔化会发生在一段温度的范围，即固相和液相共存，而不会是一特定的温度点。通常可以将两种以上不同的金属元素熔解在一起，冷却后得到的混合金属就叫做合金。对很多金属的合金，可以找到一个特定成分的组成百分比，使其熔点为很低的特定温度值，如同单一金属，其组成称为“低共熔合成物”。

19 世纪末，致力于原子量测定的瑞典科学家贝采利乌斯（Berzelius）有一次为了方便，而将金属钠和钾放在同一个容器中，当他后来打开时发现变成了一摊液态金属，这就说明合金熔点低于纯金属。钠钾合金对空气和水具有高度活性，所以必须有特殊设备才能操作，仅 1 克的量就会引起火灾或爆炸，它可被用在快速中子反应堆作冷却剂。其组成为 78%钾和 22%钠，熔点－12.6℃。

铯也会和其他碱金族元素组成合金，其组成为41%铯、47%钾和12%钠，是现在已知最低熔点的金属合金，熔点只有－78℃。

与钠钾合金相似，如将一些铟棒放在镓金属的上面，仅仅是互相接触而已，即使天气仍冷，会有部分铟棒熔解形成一摊液态金属，它们已熔合在一起形成低熔点合金，它比镓的熔点还要低，在室温下，低熔点镓铟合金是液体，其组成为76%镓和24%铟。

这些合金的低熔点可以用热力学解释，用个比较简单的比喻，此作用就好像是将盐或酒精或其他抗凝固物质加在水中，以降低其凝固点。由热力学来看，液体凝固后产生的是不同元素或化合物的纯晶粒，例如冰棒实际上是糖粒和冰粒的混合，但在液态，个别原子或分子有机会混合在一起，乱度增加，自由能下降，因此液态可以存在于更低温，因此混合物的熔点低于个别纯物质。

各式合金

菲尔德（Field）合金是一种易熔的合金，熔点约62℃，其组成为32.5%铋、51%铟和16.5%锡。因为它不含铅和镉，安全性高，它被用在金属模子铸造。

镓铟锡（Galinstan）合金是由镓、铟和锡组成的一种低熔点共熔合金，在室温下为液体，熔点为－20 ℃。因为它的组成金属元素无毒，常用来替代水银和钠钾合金的诸多应用，镓铟锡合金的成分比例为68.5%镓、21.5%铟和10%锡。

有一种伍德（Wood）金属，其典型的重量百分比为50%铋、26.7%铅、13.3%锡和10%镉，此合金的熔点比它的成分中任一金属元素都还要低得多，在70℃的低温就会熔化。常有人拿伍德金属做的汤匙去恶作剧消遣别人，当他搅拌热咖啡时，一定会被熔化的汤匙吓一大跳。除此之外，它还有更实际的应用，下面将介绍两个例子。它常被应用在高楼、旅馆、商店、医院和大型集会场所，所设置的火灾自动喷设装置中。它是非常有效的，几乎90%以上的火灾在消防员到达现场前就被熄灭了。

火灾喷设装置的构造，如图41所示。其水流通常是被一个盖子所挡住。有一根支柱连接着一根杠杆和杯状物，紧紧地压住此盖子。杯状物和热感应器之间焊接有伍德金属。此装置是被火场高温启动，当焊接的伍德金属熔化时，杯状物和杠杆被水压所推开，其他部分散落，水就直接被

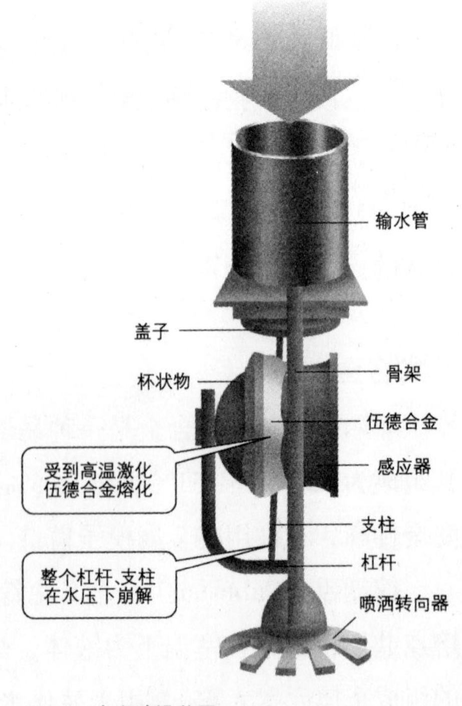

图41 火灾喷设装置

益智化学

引导通过转向装置形成喷洒水花落在热源上。

鉴识应用　让凶器重现

美国洛杉矶的鉴定专家汤玛士·野口博士讲过一段神奇的故事，是利用伍德金属，用受害者的伤口来还原现场凶器的形状，以下是他亲口所述，多年前在洛杉矶的一个案例：

我刚完成了一具尸体解剖，被害者是一个被刺死的二十多岁年轻人。这时一位洛杉矶凶杀组侦探进入房间，带着一个褐色袋子，装有凶器。

他问道："你要不要看看它？"

"不，我将告诉你它是什么样子！"我回答说。

我并不是在卖弄什么，这是一个很好的机会来说明法医如何利用科技提供法庭上有效证据。传统找出刀子形状的方法是在伤口处倒入硫酸钡，然后照 X 光，来显现形状。我想到我有一个更好的方法。在侦探和医生的注视下，我点燃了一个小本生灯，将伍德金属放在上面加热熔化，然后我选了被害人胸部肝脏上方胸口处的一个伤口，倒入液态的金属，此金属由伤口处流入被刺穿的肝脏中。当它冷却后，我取下了一个完整的凶器尖端的模子。我补加上一段从伤口的皮肤到肝脏间的长度。

我对凶杀组侦探说："凶器是 5.5 英寸长、1 英寸宽和 1/16 英寸厚的刀子。"

他笑着从袋子中拿出一支更小约只有 3 英寸长的口袋型

刀子说："你错了，野口博士。"

我立刻回答说："那是错误的刀。"

"哦，但是我们在命案现场发现这把刀子。"侦探说。

"你们没有找到凶器！"我坚定地反驳。

他并不相信我说的，两天后，警方在离命案现场两条街外的地方发现了一把沾满血渍的刀子。而它正好是5.5英寸长、1英寸宽和1/16英寸厚的刀子。而且刀刃上血型和被害者相符合，这把刀才是凶器，而命案现场警察发现的口袋型小刀，原来是死者用来自卫的。两把刀说明曾经凶手和被害人经历过一场搏斗！它是否为一场帮派的械斗？经过警方的调查发现被害者是一名帮派分子，此帮派和另一个帮派正在斗争中，警方在讯问对方帮派成员后，终于顺利找到凶手！

金属的低熔点显然是和原子间的弱金属键有关。汞有相对论效应稳定的 $6s^2$ 电子对，倒像氦原子，金属键特别弱，熔点最低。但其他金属，可借合金方式，原理就像糖水冰棒，再创低熔点。天生我材必有用，低熔点金属或合金，的确有许多重要及有趣的应用。

金属熔点高低是和原子间键结强弱有关，常温下液态金属除汞之外，尚有镓、铯、铷。合金比起纯金属又可达更低熔点，原理相似糖水冰棒凝固点低于纯冰。低熔点合金可应用在保险丝和火灾洒水装置，甚至可以应用于鉴识科学上。

三聚氰胺

□李庆昌

2008年，中国奶制品污染事件，让许多有婴幼儿的家庭都经历了一次恐慌，感到无所适从，甚至连奶精、奶油、面包、豆类食品和动物饲料等与蛋白质有关的食品全都被视为污染食品。而整个事件的主角“三聚氰胺”。

每个人都开始担心自己不知道吃了多少年的三聚氰胺，也为了要不要去医院检查体内肾结石或舍利子的存量。与朋友聊天时也都能像电视名嘴般评论几句，以免被讥笑没知识又不看电视（有的人会误说成三“氯”氰胺，虽然听起来都差不多，感觉上也很毒，但是这种物质根本不存在）。到底三聚氰胺是个什么样的东西？为什么要在食物中添加三聚氰胺？它会对人体造成什么样的影响？相信这些都是大家最关心的问题。

认识三聚氰胺

三聚氰胺（melamine, $C_3H_6N_6$）顾名思义是由三个氰胺分子结合而成的化合物。氰（cyanamide, CH_2N_2，又称单氰胺）分子的结构式为 $H_2\ddot{N}-C\equiv N:$，碳（C）与其中一个氮（N）之间以三键连接，只要把每个氰胺分子内 C、N 间的三键打断一个键结变成双键，再以 C、N 原子分别和另外两个分子形成键结，即可得到三聚氰胺的结构式（图 42）。此物质最大的特点是含氮量很高（达 66.7%），这也是它被用来掺加在食品中的主要原因。

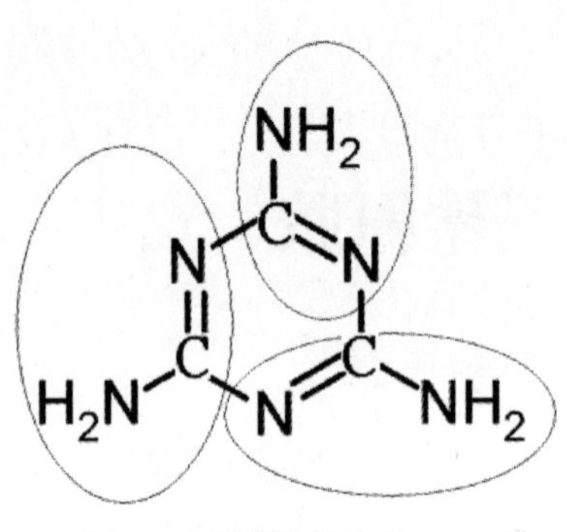

图 42　三聚氰胺结构式

三聚氰胺是一种无味的白色化工原料，微溶于水，可溶于酒精、甲醇，常用于制造美耐皿餐具、建材、涂料等，不可用于食品加工或食品添加物中。目前工业制法均以尿素为原料，只要在适度的压力下加热至 400 ℃左右时，尿素会合成为三聚氰胺，其反应式如下：

$$6\ (NH_2)_2CO_{(s)} \rightarrow C_3H_6N_{6(s)} + 6NH_{3\ (g)} + 3CO_{2(g)}$$

为何添加食品中

食品中主要营养与热量的来源为碳水化合物、蛋白质与脂肪三种成分，其中只有蛋白质富含氮元素，而蛋白质含量的高低往往是判断食品等级的重要依据。目前实际检测蛋白质含量的技术与方法都较为复杂，成本也比较高，因而食品工业上通常采用“凯氏定氮法”（Kjeldahl method），[①]测出食品中氮元素所占的比例，再间接推算出蛋白质的含量。

不同食品中所含蛋白质的种类并不相同，各种蛋白质内氮元素所占的比例也不大一样，通常都在16%— 19%之间。以鲜乳为例，优质鲜乳中蛋白质所占的比例至少在3%以上，而乳蛋白的含氮率约为16%，换算起来，每100克的优质鲜乳中应含有0.48克以上的氮元素。以前曾经有人把作为肥料的尿素（含氮率46.7%）加入食品中以提高蛋白值的检测值，但是因尿素易分解出具有刺鼻臭味的氨气，而渐渐被舍弃。

三聚氰胺具有含氮量高、性质稳定、没有异味的优点，又无法简单地加以测定（须用“高效能液相层析仪”等较昂

---

① 凯氏定氮法是由丹麦化学家约翰凯达尔于1883年所提出，先将浓硫酸加入待测样本中，使所有的氮元素全部转化为铵离子（NH_4^+），以酸碱滴定法即可定出氮的含量，再乘以一定换算系数即可求出蛋白质总含量。

因违法添加三聚氰胺导致凯氏定氮法的测定值失真已经有办法克服了，只要先将“三氯乙酸”（一种很强的蛋白质变性剂，可以使蛋白质变性沉淀）加入待测样本中，让蛋白质形成沉淀；过滤后，再分别测定沉淀和滤液中的氮含量，就可以知道蛋白质的真正含量和冒充蛋白质的氮含量。

贵的仪器来检测），因而被不法之徒当作理想的蛋白质冒充物。只是这种添加物虽然可增加受测食物的蛋白质含量数值，但是却完全没有任何营养成分，还会危害人体的健康。

高纯度的三聚氰胺价格并不便宜，在食品中添加这种物质实在不合成本。根据调查，饲料及乳制品业者经常添加一种俗称“蛋白精”的粉末，其实只是三聚氰胺工厂制程所剩下的废料，这种工业废料除了仍含有不少的三聚氰胺外，还含有三聚氰酸、尿素、氨以及亚硝酸钠等物质，其中亚硝酸钠是国际公认的致癌物之一。这些本应请专业环保公司处理的废渣，却被工厂偷偷销售给不法业者，包装成蛋白精，出售给饲料生产厂，掺到饲料和乳类中出售给客户。

对人体有何影响

经动物试验资料得知，三聚氰胺是一种低毒性的物质，进入动物体内后无法被消化或代谢，直接以原形态，经肾脏排出。2007 年美国发生多起犬猫因食用进口的宠物食品，导致死于肾衰竭的案例，这些病死犬猫的肾脏切片中发现未曾见过的结石，是由“三聚氰胺”与“三聚氰酸”两种物质所形成的结晶体。不久该宠物食品中被验出同时含有三聚氰胺及三聚氰酸，最可能来源就是添加了被称为蛋白精的工厂废渣。

“三聚氰酸”，顾名思义，为三个氰酸 $H\ddot{\underset{..}{O}}-CN\equiv N:$ 分子结合而成的三聚体，它有两种可能的共振结构（图 43）。当三聚氰胺和三聚氰酸同时存在时，彼此能够以氢键联结在一起，这种联结可以反复延伸，形成一个难溶于水的网状结构（图 44）。当这种混在食品中的物质进入人体后，由于胃酸的作用，三聚氰胺和三聚氰酸解离，而分别进入血液循环系统内。由于人体无法利用这两种物质，最终三聚氰胺和三聚氰酸会被血液运送到肾脏，再经由肾脏过滤水分的浓缩作用，两种物质重新联结成难溶于水的网状结构，并沉积下

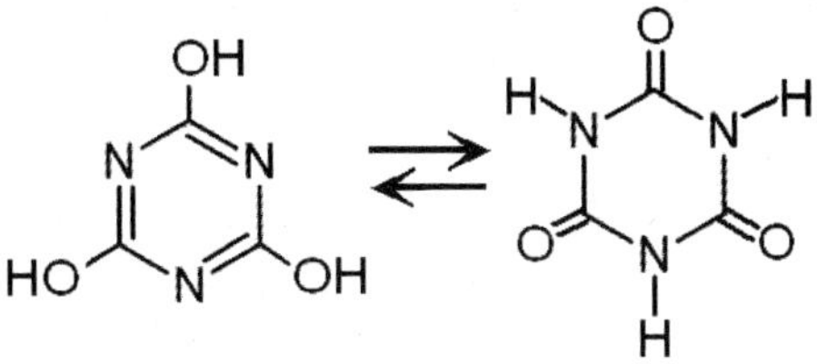

图 43　三聚氰酸结构式

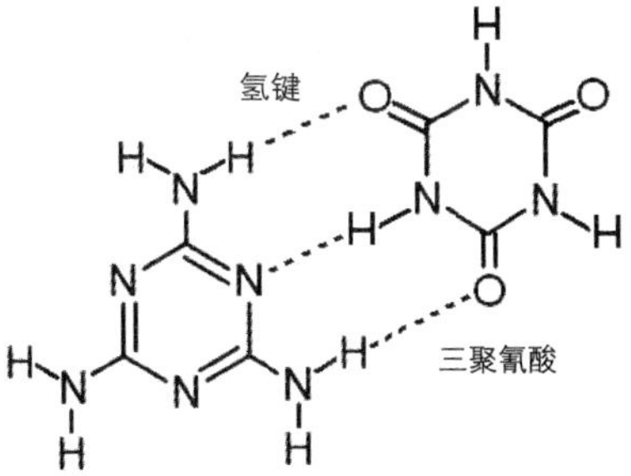

氢键

三聚氰酸

三聚氰胺

图 44　三聚氰胺与三聚氰酸形成不溶于水的结晶

来，形成结石，结果造成肾小管的阻塞，尿液无法顺利排除，使得肾脏积水，最终导致肾脏衰竭。

国外曾发表针对猫做的动物实验，三组猫分别喂食三聚氰胺、三聚氰酸与二者的混合物。结果，服用混合物那一组动物最后全数死亡，但另外两组都没事，显示“三聚氰酸和三聚氰胺”混合物，要比两种单独存在时危害更剧烈。

三酸甘油酯

□刘广定

约在 2006 年，人们开始重视食物中的“脂肪”和“反式脂肪”含量，以及对人体健康的影响等问题。报纸杂志常有报道，唯迄今笔者经眼之文，几皆有或多或少的不正确或不完整处。按现在我们所说的“脂肪”，实际包括过去习称的“植物油”（vegetable oils）与“动物脂肪”（animal fats），故 fat 的适当译名应为“油脂”，其最主要的化学组成为三酸甘油酯（triglyceride）的混合物，故本文试简述三酸甘油酯的相关性质，厘清某些误解。

三酸甘油酯

顾名思义，三酸甘油酯即甘油（学名为甘油）的三个羟基（-OH）与三个相同或不同的有机酸（RCOOH）形成的酯类化合物（图 45A），属于脂质（lipid）中的一种，其共同性质为只溶于有机溶剂，不溶于水，亦即具有疏水性。若

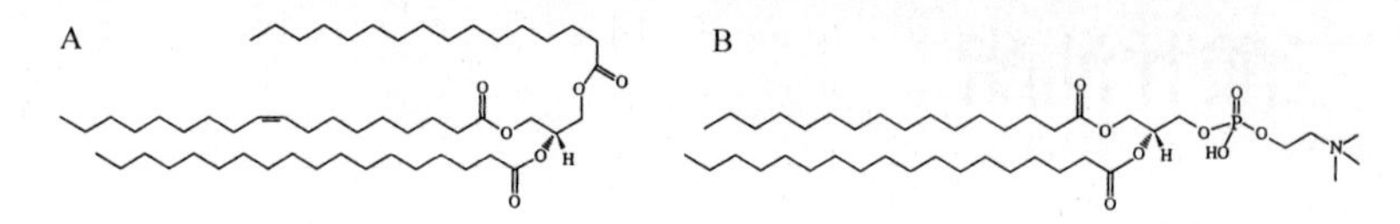

图 45 （A）三酸甘油酯的分子结构式；（B）卵磷脂的分子结构式。

其中一个有机酸以磷酸衍生物代换，则称为磷脂（phospholipid），例如卵磷脂（图 45B），属于另一种脂质，兼具亲水性和疏水性。[①]不溶于水的脂质，在血液中先与蛋白质形成可溶性的脂蛋白，再输送到各器官组织，才成为人体的能量来源之一。

三酸甘油酯中"酸"的部分通常为长链饱和或不饱和的有机酸，由于饱和有机酸部分为直线形（如硬脂酸，图 46A），故分子与分子堆积紧密，相互之间的伦敦吸引力较强。[②]因此，若油脂中饱和有机酸含量高，则易形成固体。

---

① 脂质还有蜡类，甾类和萜类等。

② 伦敦吸引力是范德华力的一类，乃一种"分子间力"，由伦敦（Fritz London, 1900 — 1954）于 1930 年提出。非极性分子或分子的非极性部分，虽就平均时间而言电荷分布为球形对称，偶极矩为零。但在某一瞬间，电子的分布变成不均匀，产生了瞬间偶极矩，导致分子间有相互的弱吸引力。

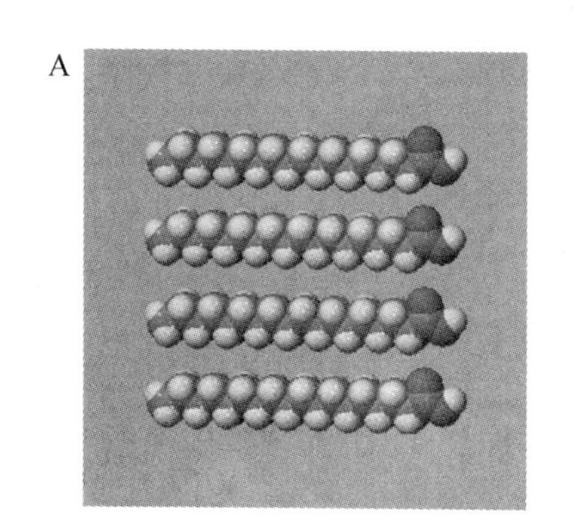
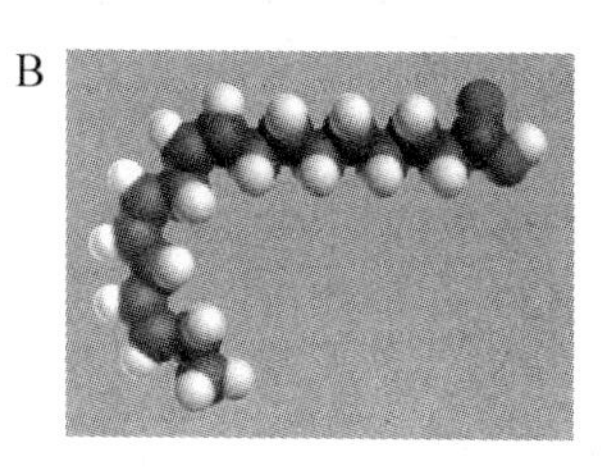

图 46 （A）硬脂酸（C17H35COOH）的分子结构模型，其分子与分子堆积紧密；（B）次亚麻油酸（Δ9，12，15—C17H29COOH）的分子结构模型。

但不饱和有机酸部分为曲折形（如次亚麻油酸，linolenic acid，图 46B），相互之间伦敦吸引力不够强，故若油脂中的不饱和有机酸含量高，就不易形成固体。自然界的油脂为多种三酸甘油酯混合物，没有固定的熔点，而只有一个相当大的熔化温度区。一般来说，动植物含的不挥发性油脂在较低室温下若为固体，称为“脂肪”；若为液体，则称为“油”。

脂肪酸

油脂的三酸甘油酯中有机酸链的长度差异很大，最少只含 4 个碳原子，最多可达 24 个，但以含 16 或 18 个碳的链最常见。含 8 个或更多个碳的直链有机酸不溶于水，称为脂肪酸（fatty acid）。绝大多数动植物体内甘油酯的脂肪酸只有偶数碳原子，其中若含碳—碳双键，则为“顺式”（cis），如油酸（oleic acid，学名为顺-9-烯十八酸，图 47A）。若含两个或多个碳—碳双键，则双键皆非共轭性，如亚麻油酸（图 47B，linoleic acid，学名为顺-9，12-二烯十八酸），这是因为生物合成的过程中，乙醯辅酶 A 所导致。唯反刍动物在反刍时有细菌介入，因此其三酸甘油酯也可能含奇数碳原子，例如牛羊乳及脂肪含有十七酸（$C_{16}H_{31}COOH$）的甘油酯，羊膜脂中有顺-9-烯十七酸（$C_{16}H_{31}COOH$）；或形成反式（trans）双键，如牛乳和优格（yogurt）都含有反-11-烯十八

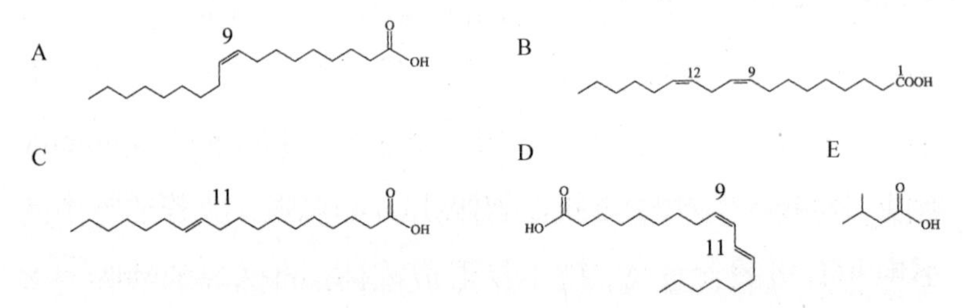

图 47 （A）顺-9-烯十八酸（9Z-$C_{17}H_{33}$17H_{31}COOH）的分子结构式；（B）顺-9,12-二烯十八酸（9E, 12E-$C_{17}H_{31}COOH$）的分子结构式；（C）反-11-烯十八酸（11E-$C_{17}H_{33}COOH$）的分子结构式；（D）顺-9-反-11-二烯十八酸（9Z, 11E-$C_{17}H_{31}COOH$）的分子结构式；（E）异戊酸（C_5H_9COOH）的分子结构式。

酸（图 47C，vaccenic acid）。另牛羊乳与脂肪都含少量共轭的不饱和酸，其中超过 80%为顺-9-反-11-二烯十八酸（图 47D，rumenic acid）。有的海洋生物也颇特别，如一般鱼肝油中有十五酸（$C_{14}H_{29}COOH$）的甘油酯；某些海豚的脂肪甚至含有具侧链之异戊酸（图 47E）。

关于油脂，一般人误以为植物油的三酸甘油酯中的不饱和脂肪酸成分较多，而动物脂肪则是饱和脂肪酸成分较多，其实不然。事实上植物油中也有不饱和脂肪酸成分低于饱和

脂肪酸成分者，其“不饱和酸与饱和酸”含量比小于1，计有椰子油（0.1），棕榈仁油（0.2），可可豆油（0.6）等。其他如棕榈油、人的乳油和体脂肪约等于1。“不饱和酸／饱和酸”含量比大于1的动物油则有鳕鱼肝油（2.9）与猪油（1.2）。

亚麻油酸（图47B）分子中从末端的碳原子起算，第六个碳为双键，故是ω-6酸之一，次亚麻油酸从末端的碳原子起算，第三个碳为双键，故是ω-3酸之一。两者皆为人所必要的成分，但自身不能制造而须自食物摄取，故称为基本脂肪酸（essential fatty acid）。除棕榈油、椰子油外，大多数的植物油都含有亚麻油酸酯与次亚麻油酸酯，正常人只要有足够的亚麻油酸和次亚麻油酸，体内酵素即能自行合成包括各种ω－3酸、ω－6酸、ω－9酸（如油酸，图47A）和其他脂肪酸，无须特别摄取。

反式脂肪

大概在笔者的中学时代（1950－1956），台北市面上已经可以买得到“人造奶油”（即玛格琳，margarine），也比“奶油”（butter，又译牛油）便宜。一般人喜欢它味道比较清淡，但笔者却一直只喜欢传统的奶油，而不喜欢人造奶油。1990年左右在科学期刊上看到人造奶油含“反式脂肪”，于人体健康不宜的报告，感觉个人相当幸运。以后每次教有机化学课时，都向学生介绍，现再向读者说明并加以补充。

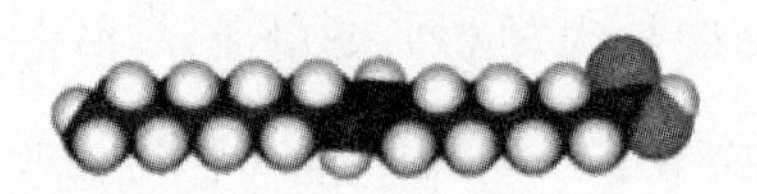

所谓反式脂肪，即甘油酯内含碳—碳双键为反式的不饱和脂肪酸，如反油酸（elaidic acid，学名为反-9-烯十八酸，图 48）。因其对称性较好，分子结构酷似饱和酸（参考图 46A），以致熔点为 44 ℃，与饱和的十二酸（月桂酸）相同，但顺式的油酸（图 47A）熔点仅 16 ℃。反刍动物的脂肪里都含有反式脂肪，就连一般的奶油中都有，约含 4%。

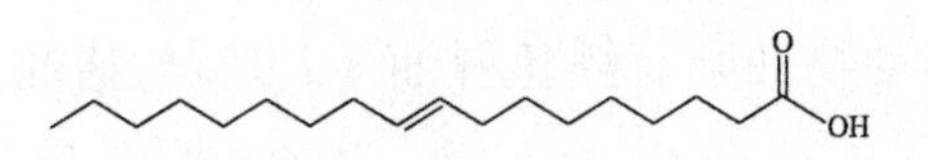

图 48　反-9-烯十八酸（9E—$C_{17}H_{33}COOH$）的分子结构式

人造奶油及其他“氢化植物油”中的反式脂肪，是在触媒加氢时生成。此因触媒加氢时，触媒活性表面上两个已活化的氢原子，分两阶段与 K 或 K[1] 中已活化的碳—碳双键（C = C）结合，使之形成饱和的碳—碳单键（HC – CH）。此乃一可逆反应（图 49）：碳—碳单键可能先脱一个氢产生中

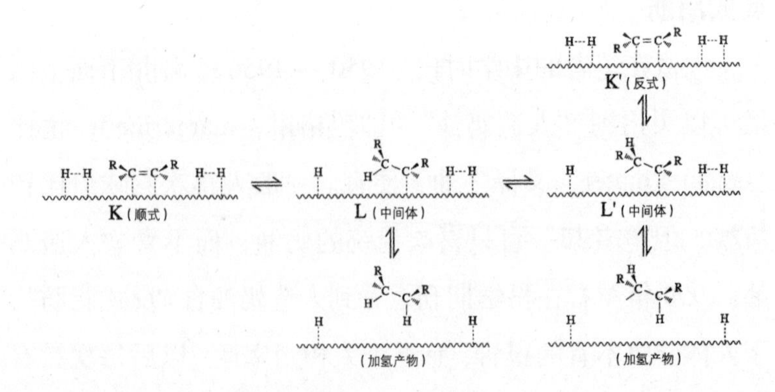

图 49　触媒加氢时发生的“顺反异构化”

间体 L 或 L'，再脱另一个氢回到不饱和 K 或 K'；或径自从 L 变成 L[1]。由于 L 或 L'不含碳—碳双键而可以旋转，导致平衡中较稳定的 L' 增多，因此，较稳定的反式 K[1] 量也逐渐增多。换言之，在高温高压下进行触媒加氢时，有些顺式脂肪转变成反式脂肪，故氢化油中必有含量多少不等的反式脂肪。

关于反式脂肪，下面再一一说明几项常见的误解：

一、一般而言，反式异构物比顺式稳定，顺式脂肪产生的热量比反式脂肪多，多吃反式脂肪会发胖的一个主因是人体不能消化反式脂肪，就如同饱和脂肪不易被消化一样而被积留在体内。

二、顺式—反式异构化反应若在烹饪时通常不易发生，但在高温长时间煎煮、或使用多次回收油则难免会发生此反应。

三、反式脂肪原已存在于牛羊乳与脂肪等人类正常食物中，故很难完全避免摄取对人体有害的反式脂肪。目前只有将其摄取量减至最低一途。各地标准不同，例如美国心脏协会的建议是：每天摄取热量，至多 1%的自反式脂肪。①

四、所谓“零反式脂肪”食品并非完全不含反式脂肪。有些从美国进口的食品，依美国的食品标签条例之规定，每份食用量只含少于 0.5 克反式脂肪的食品，均可标为“0 Trans Fat”

---

① 一个需要摄取 2000 卡的人来说，每天不宜吃超过 2 克的反式脂肪。参考 http: //www.americanheart.org/presenter. jhtml? identifier=3045792

（零反式脂肪）。

五、实际上，人因食物含反式脂肪，体内亦含反式脂肪，但其量依地区与饮食习惯不同而异。如有研究报告发现欧美人母乳中的反式脂肪：西班牙 1%，德国 4%，加拿大 7%。

由本文可知：商业宣传的 ω－3 酸、ω－6 酸、ω－9 酸等，大多数人并无特别摄取之必要。又可知日常饮食，宜尽量少用含反式脂肪的食品，故反刍动物含脂肪多之部位以及胃部（如俗称牛肚、羊肚之类）均最好不吃。最近有“美国进口牛内脏”之争议，拙见以为不但“美国进口”的不宜食用，其他地区产出者亦不宜食用。换言之，饕客的习惯应有所改变了。

锂二次电池

□詹益松

自从在 18 世纪末伽伐尼发现以铜棒与铁棒同时接触青蛙的腿部肌肉会产生抽搐现象后，人们开始发现电的存在，也开始了电的应用与研究。一般而言，电池提供人类日常生活中各种电器用品所需的能源，从消费性民生用品到资讯产品、通讯产品、电动脚踏车、电动车、军事武器，甚至太空船及人造卫星等，电池几乎无所不在。

电池的五种构造

所谓电池，是将储存在电极活性物质的化学能，经由氧化还原反应直接转换成电能的装置。电池的构造主要包含五个部分：

（一）阳极（anode），或称为负极（negative electrode）；电极进行电化学反应时，阳极进行氧化反应，放出电子到外部电路。

（二）阴极（cathode），或可称为正极（positive electrode）；电极进行电化学反应时，阴极进行还原反应，接收经由外部电路来的电子。

（三）电解质（electrolyte），为离子溶液，可能是水溶液、胶态溶液或有机溶液，负责传递正负极之间的离子，充放电时与外部线路完成通路。

（四）隔离膜（separator），为了降低电池内部的阻抗，正负两极必须相当靠近，但应防止两极直接碰触造成电池短

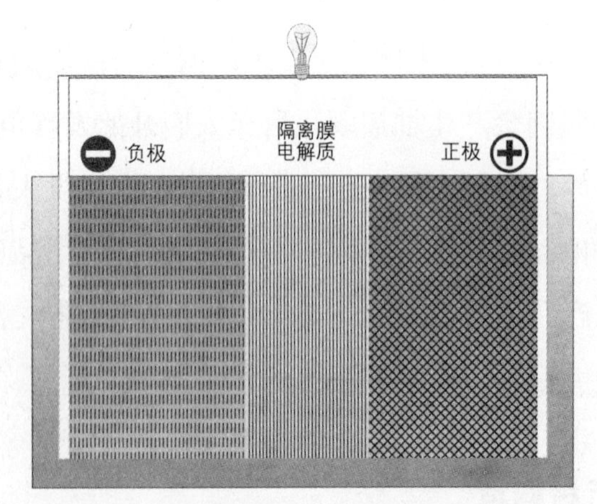

图 50　以一般传统电池为例，电池的主要构造包含了五个部分——正极（阴极）、负极（阳极）、电解质、隔离膜与外壳。

路，因此正负两极间需加上隔离膜。此外，隔离膜的存在也要不妨碍电解质的离子导电与流动扩散，所以隔离膜需具备：（1）良好的化学稳定性与一定的机械强度，并且能承受电极活性物质的氧化还原反应而不变质；（2）必须为多孔性，提供离子在正极与负极之间传递时的离子通道；（3）具有易润湿的功能，并且对离子移动的阻力要小，以减少电池的内阻；（4）为电绝缘体，阻止正负极的接触防止短路；（5）提供安全机制，电池短路时能截断离子通路，阻止电池反应。

（五）电池外壳，为电池的容器，在现有的电池中，除了锌锰电池是锌电极兼作外壳外，其他各种电池均不用活性物质作容器，而是根据情况选择合适的材料作外壳。一般电池的外壳除了需要有良好的机械强度外，耐震动、耐温度变化与耐腐蚀也是非常重要的。

一次电池与二次电池

电池的种类依其能否再行充电以重复使用的特性，可分为一次电池（Primary battery）和二次电池（Secondary battery）两大类。一次电池是当电池内两极的活性物质因放电程序而消耗殆尽时，即完全失去作用而予以废弃，常用的干电池或碱性电池等属于一次电池；虽然部分一次电池也可以勉强再次使用，但是由于有安全性的疑虑，因此不建议将一次电池再次充电使用。

而二次电池的特性是当活性反应物质经放电程序变为生

成物质后，可以借由充电器提供反向电流，强迫电化学反应逆行，以重新产生活性反应物质，因而电池便回复到可放电的状态，此类电池如常用的铅酸电池、镍镉电池、镍氢电池与锂离子电池等。一次电池的优点在于它成本较低、储存寿命长、能量密度高及不太需要维护工作。二次电池的最大优点则是其本身可借充电而不断重复使用，因此在近年来环保与资源节约的要求下，二次电池即蓬勃发展。

可充式电池的开发

随着人类生活品质的提升，人们对携带式电子产品的需求也越来越大，因此也导致对于小型二次电池的需求日增，由于有大量商业化电子产品的需求，使二次电池的发展日趋重要。然而随着科技的进步，近年来各种电子产品的组合更强调“轻、薄、短、小”的概念，因此利用高性能二次电池，作为电子产品的电源是绝对必然的趋势。

一般所谓的“高性能二次电池”意指，相对于其他的传统二次电池，如铅酸电池与镍镉电池等，在一定的体积或重量下，能放出更多的能量，而且所使用的化学材料也不会造成环境污染。符合此类高性能电池的要求，以锂离子二次电池最受青睐。因此在现今 3C 产品应用上，锂离子二次电池已占有一席之地。

表 3 小型二次电池特性的比较

种类	铅酸电池 Lead-acid	镍镉电池 Ni-Cd	镍氢电池 Ni-MH	锂聚合物电池 Li-Ion
体积能量密度	100	200	300	390
重量能量密度	40	67	80	200
电压(伏特)	2.0	1.2	1.2	3.7
自放电率(%/月)	25	25	>20	8
最大电流(安培)	20C	5C	10C	10C
循环寿命	>300	>500	>500	>500
记忆效应	无	有	有	无
环境影响	铅	镉	无	无

体积能量密度：在一定的体积下，电池所放出的能量。
重量能量密度：在一定的重量下，电池放出的能量。
自放电（Self discharge）：电池在搁置或是没有负载的情形时，因空气中微量导电因子（如水+二氧化碳）造成电池电力流失，称为自放电。在某些应用情况下，电池需要在长期放置后，仍能提供电力，自放电率必须要特别的考量。
记忆效应（Memory effect）：假设电池总电量是 100%，每次使用到 60%就充电，时间一久，电容量逐渐减少，似乎退化成原来的 60%，就好像电池在记忆使用者习惯一样，称为记忆效应。

锂离子电池原理

锂离子二次电池主要是由锂钴氧化物（正极）与石墨（负极）所组成的。在组成电池时的初期电压为 0，在充电的过程将 $LiCoO_2$ 的 Li^+ 输送至负极，当电压提高到 4.2 伏特时，停止充电。在放电时经由外部的导线连接，锂离子在电解液中由负极流回正极。电压降至 3.0 伏特后，经由电路控制而停止放电。接着重复前述的过程，完成电池的充放电循环。

锂离电池在充放电时的反应有：

$$\text{正　极：} LiCoO_2 \underset{\text{放电}}{\overset{\text{充电}}{\rightleftharpoons}} Li_{1-x}CoO_2 + xLi^+ + xe^-$$

负　极：$6C + xLi^{+} + xe^{-} \underset{放电}{\overset{充电}{\rightleftharpoons}} Li_xC_6$

全反应：$LiCoO_2 + 6C \underset{放电}{\overset{充电}{\rightleftharpoons}} Li_{1-x}CoO_2 + Li_xC_6$

由于锂金属的活性太高，1980 年代研究人员基于安全性的考量，使用锂嵌入式化合物取代锂金属，组成摇椅式电池系统（rocking chair battery system），称为摇椅式电池是因为锂离子由正极摇到负极，又由负极摇回正极，故称此类电池为摇椅式，也因为摇椅式电池，二次锂电池才又引起热烈的研究风潮。此类电池最大的优点在于不使用锂金属，所以安全上较无顾虑，但仍无法商业化。

直到 1990 年，索尼的研究人员发表锂离子二次电池（lithium ions batteries）的文章后，才又掀起研究热潮。锂离子二次电池最大的特色，在于采用碳电极取代锂金属为负极材料，因此必须充电活化产生碳化锂（Li_xC_6）后才能放电，此时的电压高达 4.2 伏特，而平均电压则为 3.7 伏特，是镍镉电池与镍氢电池的 3 倍，亦即当锂离子完全嵌入碳时，其电位和锂相较只差几个毫伏特。

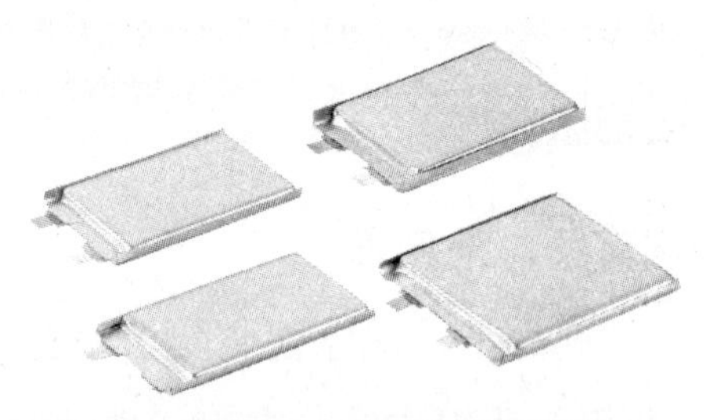

一般市售手机用锂高分子电池

由热力学观点来看，碳化锂的活性和锂金属非常相近，但是碳化锂熔点（＞ 700 ℃）远比锂金属（180 ℃）高。另外，锂离子二次电池的碳电极并不像锂金属电极，会随着循环次数增加，和电解液接触的表面积会愈来愈大，因此可承受 1 C 以上的充电电流。与 LiAl、$LiWO_2$、$LiMoO_2$ 及 $LiTiS_2$ 等嵌入式材料相比，LiC_6 除了拥有良好的循环性能外，能量密度、锂离子扩散速率与比电容量也很高（LiC_6 的理论比电容高达 372 毫安培小时 / 克）。

锂离子二次电池的正极最常见到的材料是 $LiCoO_2$，早在 1958 年 $LiCoO_2$ 便合成出来，但直到 1980 年，英国谷登拿（John B. Goodenough）教授组成 Li/Li_xCoO_2 电池系统，才开启了有机电解液高电压电池的序幕。1954 年，另一种正极材料 $LiNiO_2$ 被成功开发出来，当时的加拿大 Moli Energy 公司研究人员，也组成 $LiNiO_2$ / carbon 的锂离子二次电池系统，在研究中指出，$LiNiO_2$ / carbon 锂离子二次电池具有相当高的可逆性，即使经过三百次的充放电，仍有相当的电容量。

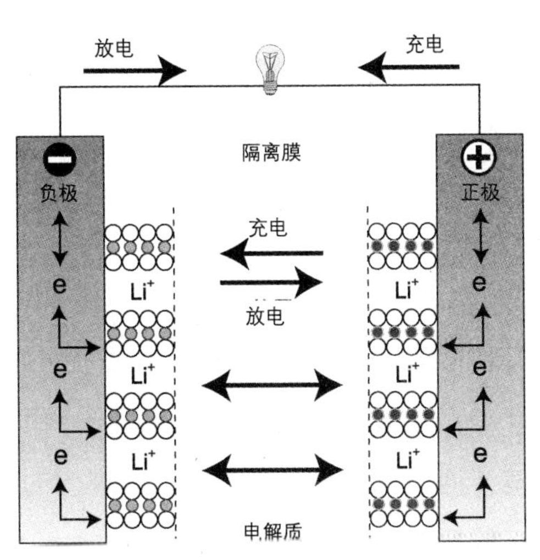

图 51　锂离子电池在充电时，电子经由充电器进入负极的活性材料中；同时，正极的锂离子也会离开正极，经由电解液，通过隔离膜而进入负极。在放电时，电子则是经由外部电路进入正极，锂离子则通过隔离膜而进入正极。

但是由于 $LiNiO_2$ 的安全性欠佳，至今尚未有公司使用$LiNiO_2$作为锂离子电池的正极材料出售。但因为$LiNiO_2$在4.2伏特时具有高电容量，因此还是有不少研究人员，想办法增加$LiNiO_2$的稳定性。另一方面，由于$LiCoO_2$为层间结构（layered structure），理论电容量虽为273毫安培小时/克，但其可逆锂离子的克当量最多却只有0.5，而且钴的价格相当高，所以美国贝尔通讯研究所便发展出以$LiMn_2O_4$与$Li_2Mn_2O_4$为正极材料的锂离子二次电池。

锂二次电池材料

负极材料(碳极)

碳是自然界最充沛的元素之一，碳材种类有数百种，但其中可供嵌入式负极材料的碳只有数十种，大致可分为非结晶碳（amorphous carbon）及石墨（graphite）两类。

锂离子嵌入或去嵌入碳的主体与碳的本身结构有关。研究人员发现，锂离子在焦炭的扩散系数大约为$10^{-8}cm^2s^{-1}$，而在石墨层间的扩散系数为$10^{-11}cm^2s^{-1}$，由此推测锂离子嵌入或去嵌入碳极的化学反应受到扩散的动力机制所限制。此外碳化锂主要是通过充电程序而产生，由正极材料提供锂离子而嵌入碳的层间结构中，理想的锂离子嵌入与去嵌入碳极的反应式为：

$$xLi^{+} + xe^{-} + C_n \longrightarrow Li_xC_n$$

但锂离子第一次经电化学反应嵌入碳极时，部分锂离子会产生不可逆的消耗，因此可供循环的锂离子量减少，造成随后电容量的损失，其中 x 的范围为 $0 < x < 1$，视碳材种类而定。

表 4　　　　三种锂离子二次电池正极材料特性比较

种类	$LiCoO_2$	$LiNiO_2$	$LiMn_2O_4$
结构	层状	层状	尖晶石（spinel）
理论电容量（毫安培小时／克）	273	295	154
实际电容量（毫安培小时／克）	140	170 — 210	100 — 120
平均电压（伏特）	3.7	3.6	3.8
成　本（元／千克）	514	342	257
热稳定性	可	差	佳
安全性	可	差	佳

一般认为，锂离子进入石墨，形成碳化锂 LiC_n 的化合物的过程，大致可分为四个阶段：第一阶段为 $n = 6$，第二阶段为 $n = 12$ 或 18，第三阶段为 $n = 27$，第四阶段为 $n = 36$。

实际上锂嵌入碳中是从第四阶段开始，即一开始锂较少时，由 36 个碳包围 1 个锂，最后是 6 个碳包围 1 个锂。对于石墨化程度较低的碳材而言，则不一定观察得到上述四个阶段。理想的 n 值为 6，换言之，锂在碳材中最大密度为 1 个锂对 6 个碳原子，此时每 4 克的碳理论上可储存并放出 372 毫安培小时／克的电容量，这也是碳材电容量的最大值。若采用电化学的方法将锂嵌入碳，当碳的数量到达 6 以后，锂即无法再进入碳，而直接以金属锂的形式沉积在碳材表面。而沉积在碳材表面的锂金属因本身的高反应性，容易形成树枝状结晶构造，结晶持续累积后，可能会刺穿隔离膜，造成电池内部短路，导致电池失效，更严重地会引起爆炸，不仅影响电池寿命，更大大降低使用的安全性。

最近研究人员积极在作一些较高容量负极材料的研究。有不少材料都是可能的候选对象，容量也都很高，部分材料硅（Si），甚至大于 1000 毫安培小时 / 克，且经过循环测试后，容量也不太会减少，理论上将是很好的负极材料。只是由于第一次的可逆电容量太少，研究人员至今还要再克服此问题。

正极材料

$LiCoO_2$ 与 $LiNiO_2$ 均为层状结构，其中氧原子为立方最密堆积（cubic closest packing，简称 C. C. P.），而 $LiMn_2O_4$ 则为尖晶石（spinel）结构。这些材料的层间位置提供了锂离子进出的路径。碳和此类正极材料搭配成锂离子二次电池时，电池是处于完全放完电的状态，因此当电池在正式使用之前，必须先经过一个充电步骤，以便将正极材料中的锂经由电化学反应嵌入碳极之中。$LiCoO_2$、$LiNiO_2$ 及 $LiMn_2O_4$ 正极材料的嵌入/去嵌入反应可表示如下：

$$LiCoO_2 \underset{嵌入}{\overset{去嵌入}{\rightleftharpoons}} Li_{1-x}CoO_2 + xLi^+ + xe^-$$

$$LiNiO_2 \underset{嵌入}{\overset{去嵌入}{\rightleftharpoons}} Li_{1-x}NiO_2 + xLi^+ + xe^-$$

$$LiMn_2O_4 \underset{嵌入}{\overset{去嵌入}{\rightleftharpoons}} Li_{1-x}Mn_2O_4 + xLi^+ + xe^-$$

现在的绝大多数的锂电池正极材料都采用$LiCoO_2$系统，当可供循环的锂离子克当量超过0.5时，也就是$x > 0.5$，$LiCoO_2$的层状结构会造成坍塌，让电池可逆性变差。研究人员发现，4.2伏特即是$LiCoO_2$的可逆性电压。

当然，研究人员也不断地开发新的正极材料，如$LiFePO_4$、$LiVPO_4$等。

表5　　不同有机溶剂的物理性质

溶剂	沸点(℃)	熔点(℃)	黏度(cp)	密度(g/cm³)	介电常数(25℃)
碳酸乙烯酯 ethylene carbonate	248	40	1.85 (40℃)	1.32 (39℃)	89.7 (40℃)
碳酸丙烯酯 propylene carbonate	241	-49	2.53	1.19	64.4
二甲基氧化硫 dimethylsulfoxide	189	18.55	1.99	1.1	46.45
环丁砜 sulfolane	287	28.86	10.284 (30℃)	1.2619 (39℃)	43.26 (30℃)
γ丁酸内酯 γbutyrolactone	202	-43	1.75	1.13	39.1
二甲基甲醯胺 dimethyl formamide	158	-61	0.8	0.94	36.71
硝基甲烷 nitromethane	101.2	-28.6	0.69	1.13	35.94
碳酸二甲酯 dimethyl carbonate	89—91	3—5	0.01	1.07	5.02
碳酸二乙酯 diethyl carbonate	126	-43	0.748	0.97	2.82
二甲基吡咯酮 N-methyl2pyrrolidinone	202	-24	1.66	1.027	32

电解液

在锂离子电池的性能和储存寿命上，电解液扮演了重要的角色。电解液一般可分为三类，分别为有机电解液、无机电解液及高分子电解质，适用于锂离子二次电池的电解液应具备以下特征：

（一）良好的导电性。

（二）黏度低，使离子有高的移动率（mobility）。

（三）电化学的稳定性。

（四）温度的稳定性。

锂离子二次电池常采用液态有机电解液，为有机溶剂与锂盐所组成，若需符合上述所需性质，有机溶剂与盐类的选择必须针对一些准则加以考虑。

单一成分的有机溶剂无法兼具以上特点，因此电解液通常采用数种有机溶剂混合方式。如碳酸丙烯酯（propylene carbonate, PC）溶剂具有高沸点及高介电常数的优点，有助于锂盐解离，但比例过高易导致碳极分解；碳酸乙烯酯（ethylene carbonate, EC）溶剂具有高沸点及高介电常数的优点，但黏度却很高，并且在常温下为固体；而另一方面，碳酸二乙酯（diethyl carbonate, DEC）或碳酸二甲酯（dimethyl carbonate, DMC）则具有高润湿性及低黏度的优点，但缺点为低沸点与低介电常数，因此，若将这四种有机溶剂混合，则可得到性能不错的电解液系统。

电池特性

一般在市面上，各式手机电池的标签上，多会标示电池容量为 1000 mAh（1000 毫安），意即在电流为 1000 毫安培

（1 安培）的情况下，这个电池可连续使用一小时。然而，在电池性能测试时可以这么做，但实际用电时，电流不尽相同，一般消费者也很难判断电池的容量。但至少对相同的手机而言，电池容量越高，表示使用的时间越久。不同手机有不同的设计，用电模式也不尽相同，若要客观评断手机电池的容量大小，基本上是以电容量为主，而不是以用电时间来判断。

至于循环寿命，因为锂电池属于可充电式二次电池，因此使用的次数必须能被检视，一般而言，好的锂离子电池最少在以其宣称的电容量的电流充电与放电，经过 500 次后，容量要能达到原来的 70%以上。

电池另一项较重要的特性，就是放电能力。基本上，对于不同的产品应用，如 MP3、数码相机、蓝牙耳机、电动车与电动工具等，电池放电能力的需求也不同。针对不同的产品，电池厂要能设计出不同放电能力与不同用途的电池。

在充电电池中，锂离子电池不论在电能密度温度特性上，或者电池寿命与充放电特征等，都比镍氢电池、铅酸电池与镍镉电池佳。另外，因为锂离子电池可以做得比以前薄，因此未来将有更大的应用空间，如个人数位助理（PDAs）、笔型电脑（Pen computer）、新型的随身听系统、信用卡系统与智慧型卡系统（Smart card）等。其他电子应用与商业产品也在逐渐开发中。其中还有许多待开发的领域，从正极材料、负极材料、隔离膜到电解液，都值得学界与产业界投入研发。

燃料电池

□詹世弘

近代人类科技文明的进步虽然带动经济的大幅成长，但在大量地生产、消费及丢弃后，大自然环境的复原能力已无法负荷，造成公害污染、资源锐减，甚至危及人类世代的永续发展。其中最为世人担忧的，当属石油能源的日益枯竭，以及全球暖化温室效应等问题。

世纪能源的新希望

各国在人口增加与追求工业化之下，导致全球最倚重的化石能源面临缺乏的危机，依据世界能源评估统计，以现今石油消耗的速度，地球上的石油储量最多能再用四十到五十年，届时世界将会陷入难以估计的经济恐慌。此外，燃烧化石燃料除了排放有毒废气外，所释放的二氧化碳也会因导致全球温室效应，而造成天气异相与灾害。未来在能源的使用上，如何减少二氧化碳等温室气体的排放，已成为一项艰巨的课题。

因此，干净的新能源及相关技术的开发迫在眉睫，也成为各国积极研究发展的目标。所谓的新能源，包含太阳能、风能、水力发电、潮差发电、生质能与氢能等。在这之中，氢能可以算是最理想的新能源，因为氢能可直接燃烧产生热能，再转换成电能，又可用于燃料电池中，与氧气经由电化学反应直接产生电能。而且燃料电池是经由电化学直接转换成电能，少了很多在转换过程中的损耗，因此效率最高，约有 40%— 60%的发电效率，比起一般内燃机 30%— 40%的效率高许多，加上燃料电池反应属于放热反应，若配合汽电共生等技术，燃料电池的整体效率甚至可达到 80%以上。

燃料电池反应的主要副产物为水和热，或是少量的二氧化碳，兼具高效率与低污染的特性，使得燃料电池在诸多能源替代技术选择中脱颖而出，成为未来新能源最闪亮的科技焦点。

燃料电池源起

燃料电池并非近代才有的产物，早在 1839 年英国物理学家格罗夫爵士，在一次的实验中，发现水电解的逆反应会产生电力的可能性，但当时产生的电能相当小，仅能使电流计指针稍微偏转，因此没有受到重视。1889 年蒙德与蓝吉尔以工业煤气和空气为反应物，试图发展出燃料电池的雏形，并首次将其命名为“Fuel Cell”，但后来由于内燃机问世与石油大量开采，燃料电池的发展因而停滞。

直到 1950 年代后期美苏太空竞赛，美国国家航空航天

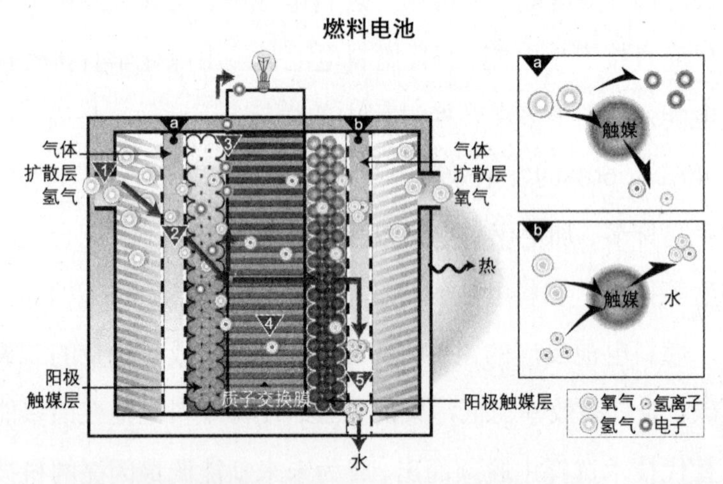

图 52　燃料电池原理示意图。在此以质子交换膜燃料电池为例，（1）从阳极端与阴极端分别输入氢气和氧气（或空气），氢气与氧气经由流道到达气体扩散层，再分别从两极的气体扩散层，进入阳极触媒层与阴极触媒层，（2）氢分子经触媒作用，氧化成氢离子与释出电子，（3）电子因电位差，经由外电路作功后输送到阴极触媒层；（4）氢离子则受到电渗透力的驱策，以 1 个氢离子伴随几个水分子的形式，通过质子交换膜到达阴极触媒层。氢离子、电子与氧气，在触媒白金的催化之下，进行反应而产生水。在总反应的过程中，产生水、电力和热。理论的可逆电压为 1.234 伏特。

局（NASA）为了寻找一种高单位功率的发电机，因此积极发展燃料电池科技。在太空计划的催生下，1960 年代双子星号于太空任务中，燃料电池扮演主要电力来源；又由于燃料电池的副产物为纯水，也恰好提供太空人在外太空的饮水。在能源危机之后，全球各国便积极地寻找新替代能源，燃料电池因此再次受到瞩目。

1980 年代，美国洛斯阿拉莫斯国家实验室运用电极触媒理论，设计最佳化膜电极组（Membrane Electrode Assembly, MEA），在白金触媒减量技术上有了新突破，即使白金用量减低至 1/10 以下，还能保持超高功率密度运作，使得质子交换膜燃料电池低成本潜能大幅增加。

在 1990 年代，加拿大的巴拉德动力系统公司（Ballard Power System）及工业界组织，在电池堆（Fuel Cell Stack）的技术上加以研究改进，使得燃料电池功率密度大幅提升，几乎能与传统内燃机相抗衡。过去十年间，燃料电池的功率密度已提升超过 10 倍，也相对地降低材料成本。巴拉德除了在温哥华试行多年燃料电池公车外，也积极与世界各大汽车厂合作，以投入中小型汽车市场。

电解质与燃料多元化

简单来说，燃料电池是一种能源直接转换装置，运作原理可解释为水电解的逆反应，水电解反应是电解质将水电解后，在阴极产生氧，在阳极产生氢气；其逆反应则是氢气在阳极被触媒分解成氢离子与电子，电解质将氢离子送到阴极，与氧分子和经外部电路传送的电子共同反应，生成水和热。燃料电池的反应过程不需经过燃烧，直接将化学能转换成电能，也不像核能和火力发电等，要经过许多转换程序才能发电，只排放无污染的水和热。

在将近半个世纪的发展中，燃料电池出现多种形式，依照电解质的不同，可加以区分为碱性燃料电池（Alkaline Fuel Cell, AFC）、磷酸燃料电池（Phosphoric Acid Fuel Cell, PAFC）、熔融碳酸盐燃料电池（Molten Carbonate Fuel Cell, MCFC）、固态氧化物燃料电池（Solid Oxide Fuel Cell, SOFC）与质子交换膜燃料电池（Proton Exchange Membrane Fuel Cell, PEMFC）；若依燃料分类，则有氢氧燃料电池（hydrogen oxygen fuel cell）、直接甲醇燃料电池（Direct Methanol Fuel Cell, DMFC）、联氨燃料电池与锌空气燃料电池等。此外，依操作温度的高低，而区分为高温型（＞300 ℃）、中温型（150 ℃—300 ℃）及低温型（＜150 ℃）的燃料电池。以下针对一些燃料电池的特性作简单说明。

碱性燃料电池（AFC）

碱性燃料电池因太空计划而名噪一时，其电解质具 OH^- 离子传导性，在 80 ℃低温下操作，启动快速、效率高且功率密度大。因操作温度低，电极需涂敷镍系及银系等触媒，不需使用贵重的白金。因为碱与二氧化碳反应会生成碳酸盐，造成电解质阻抗增大，导致电池性能劣化，因此碱液燃料电池不使用空气为氧化剂。此型燃料电池发展虽早，但仅限使用纯氢及纯氧为原料，用于太空梭及潜水艇等特殊场所。

磷酸燃料电池（PAFC）

磷酸燃料电池有第一代燃料电池之称，现阶段装置容量从数 kW 至 11000 kW 不等。磷酸燃料电池利用碳化硅粉末制成母材，以吸附高浓度磷酸当电解质使用，操作温度约在 200 ℃左右，为了提高电极反应度，须以白金作为触媒，因此以涂有均匀白金的碳纸作为电极，而这些昂贵的碳系材料，就是磷酸燃料电池费用居高不下的主因，因此在电池汰换时，可将白金回收，以降低制造的成本。磷酸电池排热的温度介于 60 ℃— 190 ℃，可回收供空调或制造热水使用。要注意的是，由于一氧化碳会导致中毒，因此燃料中所含的一氧化碳浓度必须严加控制。

熔融碳酸盐燃料电池（MCFC）

熔融碳酸盐燃料电池以碱金属（锂、钾、钠）碳酸盐为电解质，因为碱金属碳酸盐只有在熔融状态时，才能发挥离子传导的功能，所以操作温度须在熔点以上，介于 600 ℃— 700 ℃之间，属于高温型的燃料电池。在操作温度下，阴极的二氧化碳与氧气发生反应，形成 CO_3 离子，CO_3 离子经电解质移动至阳极与氢气反应，生成二氧化碳及水蒸气。二氧化碳经阳极回收后，可再循环至阴极使用。由于熔融碳酸盐燃料电池电极反应容易，不需以昂贵的金属作为触媒，使用镍及氧化镍即可。在燃料使用方面，除了氢气之外，一氧化碳含量高的燃料也可使用，所以适合与煤炭汽化技术结合。熔融碳酸盐燃料电池的优点为：电池性能良好、活化极性小、总热效率高与废热温度超过 500 ℃，适合后发电循环（Bottoming Cycle）或工业制程加热等用途。

固态氧化物燃料电池(SOFC)

固态氧化物燃料电池号称第三代燃料电池，电解质为固态、无孔隙的金属氧化物，借由氧离子在晶体中穿梭来传送离子，通常以稳定的氧化锆为电解质。由于操作温度高达 900 ℃— 1000 ℃，电池本体材料局限于陶瓷或金属氧化物。优点与熔融碳酸盐燃料电池相似，包括不需以贵金属为触媒、废热品质高、可以氢及一氧化碳为燃料与电池性能良好；主要的缺点在于操作温度过高，材料选择受到限制。

质子交换膜燃料电池(PEMFC)

质子交换膜燃料电池是以阳离子交换膜为电解质，曾在双子星卫星任务中担纲。1970 年代，杜邦公司成功开发出氟树脂系离子交换膜电解质，因其具有优越的化学稳定性，可减少电解液稀释及雾化等问题，故一直采用至今。它的基本原件是两个电极夹着一层高分子薄膜的电解质，电解质需要水维持湿度，使其成为离子的导体。两极除碳粉外也包含白金粉末，白金是最佳催化剂，得以降低电化学反应的温度。虽然燃料使用、材料及制造成本较高，这也是燃料电池车辆运输工具及小型家用发电系统的瓶颈，但因为低温操作与高功效密度特性，在稳定的进步发展之下，内燃机引擎技术迟早将被质子交换膜燃料电池科技所取代。

直接甲醇燃料电池(DMFC)

直接甲醇燃料电池为质子交换膜燃料电池系列的延伸，由于质子交换膜燃料电池必须加装重组器，才能使用甲醇或是汽油作为电池的燃料，造成整组发电系统过于复杂且体积无法缩小。因此，直接利用甲醇为燃料的直接甲醇燃料电池便因而产生。不过，现阶段的直接甲醇燃料电池尚有一些困难待解决，研发重点在于降低甲醇分子穿透电解薄膜的开发与研究，以及提高电源密度等。

废电池回收与处理

□杨奉儒　庄钲贤　张良榕

随着科技进步，人们生活水准提高，使用电力的现代化随身用品越来越多。电池因为具备可靠性高及使用简易等多项优点，成为目前市场上主要的可携性能源。日常生活中，诸如移动电话、PDA、随身听、数码相机、笔记本电脑、电动工具和玩具等，皆需要使用大量的电池作为电力的来源，因此电池是现代人不可或缺的必需品之一。

电池的应用固然使生活更加方便也更有效率，然因此产生的废电池数量也不断地增加。废弃干电池内所含的重金属会对环境产生危害，特别是汞、镉等物质，若不妥善处理，将会渗透土壤、污染地下水、危害人体健康，而且这样的威胁将持续下去。

电池的种类

依照电池本身的充放电特性与工作性质，可分为一次电池（primary cell）与二次电池（secondary battery）。所谓的一次电池，是指电池本身无法通过充电的方式再补充已被转化掉的化学能，仅能使用一次；二次电池则为可被重复使用的电池，通过充电的过程，使得电池内的活性物质再度回复到原来的状态，再度提供电力。

一次电池的应用最早也最为广泛，市面上贩售的不可充电电池几乎皆属此类，常见的有锌锰电池、碱性电池、水银（汞）电池和氧化银电池等。其中，锌锰干电池又称为碳锌电池，在 25 ℃时可提供 1.5 伏特左右的电压值，是发展很早的电池。因为具备价格便宜、制造容易等优势，所以锌锰干电池仍然是产量最高、用途最广的一次电池。然受限于功率过小以及放电过程中电压不稳等问题，并不适用于高耗电的产品。碱性电池使用碱性物质（例如氢氧化钾）作为电解质，其标准电压略高于 1.5 伏特，在较大电流时仍可维持可用电压，且寿命较长，广泛应用于耗电量较大的产品。

大多数电池的电压和电流会随着电流的释放而逐渐下降、减小，这样的情形在电池寿命末期特别明显。水银（汞）电池是“二战”期间所发展出来的电池，在电流释出过程仍可保有稳定的性能，但因为汞的剧毒会造成环境永久污染，已有减少使用的趋势。水银电池通常制成纽扣型，用于计算机、照相机等。

氧化银电池具有高稳定的特质，虽然价格略微昂贵，但由于内含物质对环境的污染较汞来得小，已经逐渐取代水银电池的应用。

锂电池的出现

近年来，因为3C科技用品对于可充式与大电流的需求增加，二次电池的使用量逐渐提升。这类电池包括镍镉电池、镍氢电池、锂电池等。

镍镉电池的工作电压为1.2伏特，在小型二次电池发展史中占有相当重要的地位；然记忆效应与镉污染的问题是其严重致命伤。记忆效应起因于负极未完全放电而造成电极结晶，导致储电量降低。

其后，重量能量密度为镍镉电池的二倍、几乎没有记忆效应的镍氢电池问世，对于产品轻量化的发展有很大的贡献，但镍氢电池的风采很快就被后来发展出来的锂电池所掩盖。

锂电池可分成锂离子电池与锂高分子电池两种，工作电压为镍氢电池的三倍（3.6 — 3.7伏特），具有更高的体积与重量能量密度，符合携带式电子产品对电池轻量及高能量密度的需求，因此近年来发展非常迅速。

废电池危害环境与人类

电池的组成物质被密封在电池内部，原则上并不会对环境造成影响。但在使用或存放过程中，因为内部与外界环境所造成的腐蚀与损害，使得电池内部的重金属等物质泄漏出来。这些物质一旦进入土壤或水源后，就会透过各种途径进入生态环境中。

废电池所含重金属在进入人体后，会长期累积难以排除，逐渐损坏人体功能。例如镉容易引起肾功能失调，并且间接造成骨质疏松、骨质疼痛等症状，日本著名的痛痛病（Itai-itai disease）即为最具代表性的例子；铅会危害人体的血液系统、神经系统、肾脏系统、消化系统及循环系统，对幼儿的影响轻者阻碍儿童智商的发展，重者造成铅脑症；而汞将导致脑部、肾脏、肺部及胎儿的伤害，也会产生四肢不自主抖动及个性改变等症状。

废电池进入环境后造成的污染，以及对人体产生的病变危害，已经成为目前社会最关注的环保问题之一。为了保护环境免于污染，避免健康遭受危害，废电池有必要予以回收；且废电池中所含的金属又是有价资源，因此对废电池进行回收处理，并资源化成为再生原料使用，就显得非常重要。

基本资源化：干式、湿式处理法

目前，废电池的基本资源化方法，大约可分成干式回收法和湿式回收法两种，以下就两种方法的处理模式加以说明。

干式回收法　干式回收法又称为火法，主要是利用废电池内各组成物的挥发度或沸点不同，在特定温度下分别取出

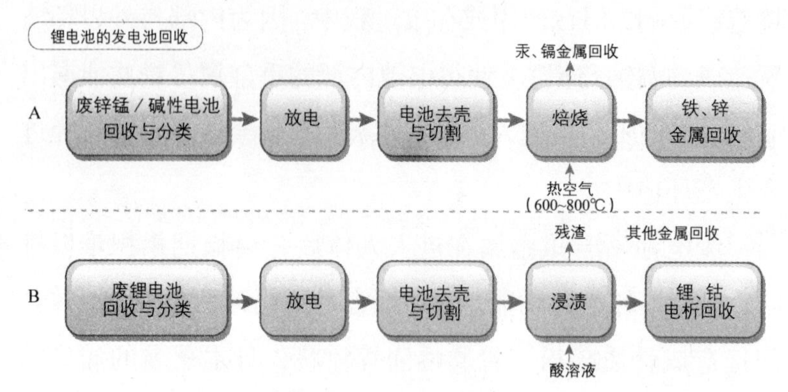

图 53 （A）废锌锰碱性电池的干式回收法：废弃干电池（锌锰／碱性电池）回收后，进行切割与破碎的步骤，所得电池碎片以高温处理（约 600℃ – 800℃）。利用沸点的差异，可先回收汞、镉，最后再回收铁、锌等金属。

（B）废锂电池的湿式回收法：废弃的锂电池经过放电、去壳与切割程序后，碎片进入浸渍装置，以酸性溶液溶解锂、钴金属，溶解液再以电析纯化，可得锂／钴金属化合物。浸渍过程中所得残渣，可再以其他方式回收他种金属。

不同成分的方式。

例如，对废锌锰碱性电池进行初步分类、筛选并加以破碎后，将废电池碎片放入炉中，先于 400℃下焙烧，再将排出气体冷凝后取出汞，之后持续将焙烧剩余物加温至 800℃以上取得镉，依序可再回收锌成分，残留物则有锰和铁。直接投入冶炼炉也是干式法的一种。

湿式回收法　这种方法是在电池分类、破碎后，将废电池碎片置于槽中，以无机酸进行废电池的浸渍溶解，依照各物质溶解度的不同加以分离。溶于酸的成分可以沉淀、电析等方式，再度从溶液中提取各种金属成分。

事实上，回收后的废电池通常各类型的一次与二次电池混杂在一起，很难单独使用干式回收法或湿式回收法就完成资源化的步骤。例如，锂电池内的锂钴成分就比较不适合采用干式法回收，加上含有活性成分，处理过程中容易燃烧，因此，商业化的回收程序通常是并用多种模式来进行。

废电池的资源化处理

以目前市面上产销量最多的锌锰与碱性电池而言，其外形大都为圆筒形，圆筒平底的部分即为电池负极，筒内中央的碳棒为电池正极，内含的电解液成分为二氧化锰、氯化铵、氯化锌或氢氧化钾（碱锰电池）。这类电池含有少量的汞，因此可以先将废弃干电池进行破碎，再将电池碎片经由加热处理去除其中的汞，再以分选方式筛出电池碎片当中的铁皮、锌壳、二氧化锰及残留物。

回收的锌壳可置于冶炼炉中加热熔化，过程中去除上层

从消费者处回收后的废电池，必须再分成纽扣型、镍氢电池、镍镉电池、锂电池、碳氢电池＋碱性电池等五类。

的浮渣，倒出冷却，待凝固后即得锌锭。回收的二氧化锰可经由水洗、过滤、干燥步骤，去除少许有机物之后，即得黑色二氧化锰。二氧化锰经过还原焙烧，与碳酸氢铵（NH_4HCO_3）作用产生碳酸锰（$MnCO_3$），也称锰白。碳酸锰广泛用于脱硫的催化剂、瓷釉颜料、锰盐原料，也用于肥料、医药、机械零件和磷化处理。

至于废镍镉电池的资源化处理，可将电池破碎后先以无机酸（硫酸或盐酸）溶解，再将溶解在酸中的镉金属离子，经由化学沉淀法产生碳酸镉沉淀，经焙烧分解为氧化镉，可以作为相关原料使用。回收过程中所生产的硫酸镍，可作为供应金属镍电镀，陶瓷染色及镍系触媒制造等重要工业用途。

二次锂电池主要成分除了锂元素外，还包括其他元素如钴、镍、锰，以及三种元素的化合物，作为电池主体的材料。其中钴因为价格高较而受到瞩目，因此才需要将逐渐增多的废锂电池，透过资源化程序，如放电、破碎、浸渍及电析等方法，回收其中的锂、钴等有价成分。回收的锂钴氧化物可再作为电池正极材料，氧化钴的部分则可成为电池正极导电粉、釉药、陶瓷刀等相关用途原料。

污染性电池应淘汰使用

电池为人类的生活带来方便及效率，然而废电池所造成的环境问题也接踵而来。虽然可通过资源化程序将污染降低，甚至回收有价物质，但毕竟只能算是亡羊补牢的管末处理，污染性的电池还是该逐渐淘汰，并加强回收管理。在可预见的未来，电池与人类的生活将会更为密切，相信电池科技在日新月异的快速发展下，将会开创出高电力特性且更具环境友善性的新产品。

光色镜片

□李国兴　储三阳

在艳阳天出门，你可能要先把普通眼镜换下，再戴上太阳眼镜，以免眼睛直视到阳光；回到室内，又得换上原来的一般眼镜，麻烦得很！但其实你可以选择另外一种镜片：光色镜片（photochromic lens）。走到阳光下，镜片会自动转为深色，发挥太阳眼镜的功能；日落或进入室内后，镜片又会恢复透明，成为普通眼镜。艳阳下，强光会引发光色镜片的变色化学反应；光线变弱之后，又会进行逆反应，恢复原本的透明度。这种镜片的奇妙之处在于，变化能如此不断地循环，而效能不会降低。

无机卤化银遇光产生黑色颗粒

最早的光色镜片在 1970 年左右就已经问世。一般来说，光色镜片的透明度在室内是足够的，但在紫外光的暴露下则会变暗。镜片玻璃内分散着一系列的无机光敏感成分，例如卤化银的物质（卤素是氟、氯、溴和碘等成分），这和底片的成分相同，其中的化学反应也极度类似。

不同的是，底片一旦曝光后显影变暗，只能使用一次；而光色玻璃内的反应是可逆的，回到室内弱光的环境下，镜片仍可以恢复原先的状态，准备下一次的循环作用。

玻璃是种非结晶的物质，这表示它缺乏一种明确的晶体结构，其中包含硅石（来自于砂子）和不同的添加物。氧原子包围着硅原子，形成局部如粽子般的四面体构造，各粽子顶端相接，共用相同的氧原子（图 54）。

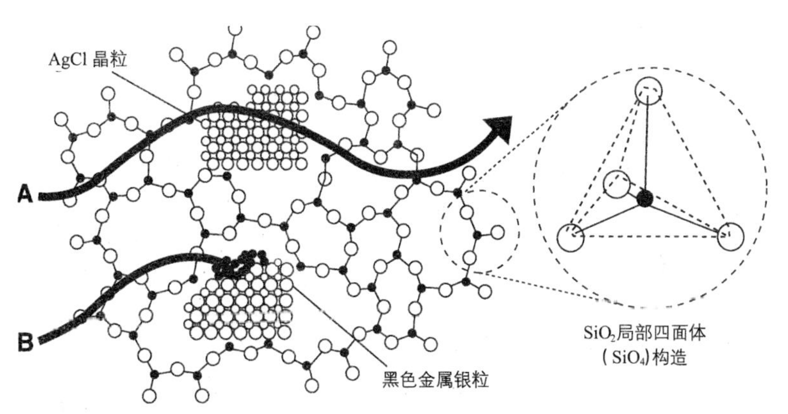

图 54 （A）可见光波可穿透氯化银（AgCl）透明的离子晶体；（B）可见光波被黑色金属银粒所吸收。

硅石在高温下是一种很好的“溶剂”，举例来说，有色玻璃就是将金属离子溶于其中，如钴（蓝色）、铬（绿色）和镍（黄色）玻璃等。这很像糖溶在水中，加入的量随着温度而改变，而卤化银在玻璃的熔点下的溶解度，较常温来得高。因此，一旦光色玻璃被冷却后，卤化银结晶就会从“溶液”中沉淀出来，如同糖的结晶会在热饱和糖水冷却后出现一般。如果控制得当，卤化银结晶会小到不会吸收可见光，因此是透明的，但仍会吸收紫外光。

所以当含有氯化银（AgCl）的玻璃呈现透明时，晶体并不会阻挡可见光，但它仍会吸收短波长的紫外光，而紫外光的能量游离出氯原子和银原子：

$$Ag^{+} + Cl^{-} + \text{光} \rightarrow Ag^{0} + Cl^{0} \quad \cdots\cdots(1)$$

为了防止逆反应立即发生，晶体中会加入一些亚铜离子，与游离出的氯原子反应：

$$Cu^{+} + Cl^{0} \rightarrow Cu^{2+} + Cl^{-} \quad \cdots\cdots(2)$$

因此阻断了氯化银的回头路。

这时候，银原子会移往氯化银晶体的表面，然后聚集成小的胶状银金属晶体。这种金属晶体内的一些电子是可以流动的，不像离子化合物氯化银的电子是固定的。流动电子会吸收可见光，呈现黑色，这也就像胶卷感光后产生银粒的变化，使得镜片变暗了（图 54）。

当光色玻璃进入室内，铜离子慢慢地移往晶体表面，并接受银原子上的一个电子：

$$Cu^{2+} + Ag^0 \rightarrow Cu^{+} + Ag^{+} \cdots\cdots (3)$$

此时，银离子伴随（2）式所产生的氯离子，重新加入氯化银晶体，使得暗色慢慢褪去。这个变化可以在没有紫外线的情况下进行。

光线在通过光色玻璃和一般玻璃中的变暗和恢复的过程很有趣，例如康宁（Corning）光色镜片在室内的透光率为85%，意指85%的光线会穿过玻璃，15%的光被反射或是吸收。此镜片暴露在阳光下数分钟，镜片逐渐变暗，只剩下22%的光可以穿透；当回到室内五分钟后，透光率会逐渐恢复到63%，镜片因此慢慢变亮（图55）。

这些光色镜片主要的问题在于：暴露在光线下，镜片较厚的地方颜色会比较深，较薄的地方会比较浅，这种透光不均匀的现象在厚镜片中特别明显。下述的有机光色分子镜片可以解决这问题，因为它是直接将光色物质层敷盖在透明镜片上。

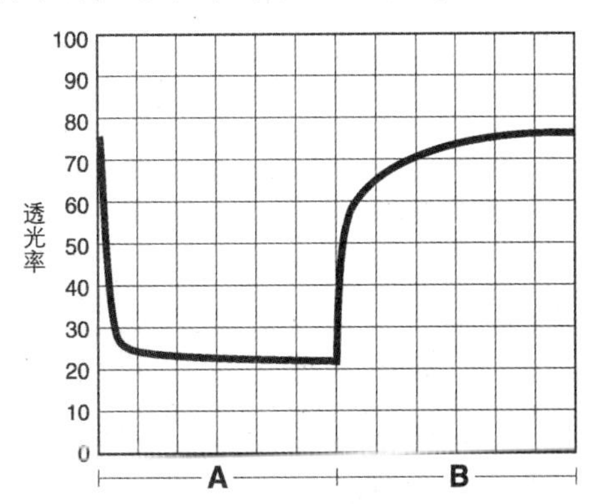

图55　康宁色光镜片的透光率变化情形。（A）由室内走出室外一小时之间，透光率由85%骤减为22%；（B）由室外回到室内一小时内，透光率缓慢提升，最后会回到85%。

有机光色分子见光旋转异构化

随着塑胶镜片的出现，由于它较玻璃来得轻且又安全，因此科学家将光色物质涂在镜片上方或散布于镜片内。很多光色镜片可能会混合不同的光色染料，来达到想要的效果，这对于设计者是一种挑战：他们必须能调和暗色形成的动力学与消退的循环，使得佩戴者看到单一的颜色。早期的镜片在照光变暗时的效果很好，但在暗色消退的过程中，某种光色染料的颜色会特别明显。

一种单一染料色的光色镜片也被研发出来，不像传统光色镜片的染料色，在曝光时只有一个可见光的吸收峰，这种镜片可以同时有两个可见光的吸收峰，所以效果就会更类似

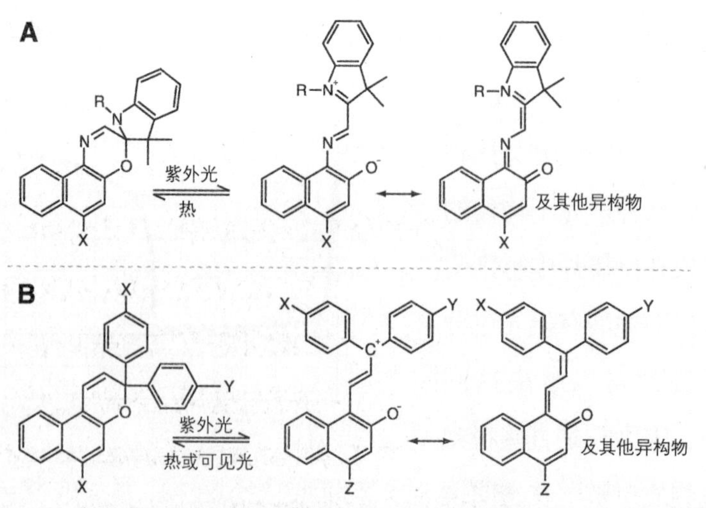

图 56　两类遇到紫外光会旋转异构化，无光时则恢复原状的分子；（A）螺萘噁哄（spiro-naphthoxa-zines）；（B）萘哌喃（naphthopyrans）。

于传统的灰色或棕色的太阳眼镜。

科学家已经开发出两种类型的有机分子：螺萘嗯哄（spiro-naphthoxazines）和萘哌喃（naphthopyrans）。这两类分子在结构上有两个垂直的部分（图 56），当紫外光照在分子上，使其垂直构造转换为平面构造的异构物；后者吸收可见光及紫外线的效率更高。

当分子被紫外光照射，有两种变化会同时发生：一是化学变化，分子内会发生共轭的现象；另一种则是结构的变化，即π轨道的重叠。也就是说，原先分别在两垂直面上活动的π电子，异构化后会在大片的分子平面上活动。这项反应是可逆的，当光源移除之后，分子回到原先较为稳定的无色状态，只会吸收紫外线。异构物在加热的环境下，更容易发生逆反应，如此一来，热和光就会互相竞争。因此在光线充足的高温环境，镜片颜色会显得比较浅。

发展这类染料色最大的挑战在于，确定活化和恢复反应的动力学必须符合使用者的要求。活化的时间通常较消退时间短，平均而言，消退时间约是活化时间的 2 — 3 倍（图 55），视特殊的分子而定。光色镜片看似简单，但必须适当掌控光色反应动力学、颜色强度和使用分子的基质间等各项因素。

本文所提到的两种光色镜片，特色在于颜色变化是可逆的。其中，早期的光色镜片是利用无机化合物卤化银，见光会生成黑色银粒（类似照相胶卷），以产生太阳眼镜功能，但它又借由铜的催化〔(2) 及 (3) 式〕，可以在室内进行逆反应，复原卤化银反应物，以备下一次的使用。

而第二种有机光色分子，见光旋转而发生异构化，这就相似于眼睛中网膜背后的视紫红素（rhodopsin）的感光反应。前者异构化后，无色分子会呈现颜色以产生滤光效果，而后者由有色变无色，但可产生一个视觉讯号。

除了应用在镜片上，光色技术甚至可扩展到镜片外的其他应用，例如让小孩身上穿的衣服变色，也是一个有趣的点子。甚至更实际的，还能应用在保安措施上。光色反应的扭转分子能分别与紫外光和可见光发生反应，因此，在同一分子中能观察到两种不同颜色的变化，一种在紫外光下，另一种是在特定波长的可见光下。这种多重反应所增强的安全性不容易被复制，因为它包含了复杂的化学，是个有发展潜力的市场，可以应用在身份证、制药的包装和产品标签等。

另外，不同光条件下产生扭转的光色分子，也可作为微电流的开关，在电子工业上的应用也深具潜力。

稀有气体及氙化合物

□刘广定

化学元素周期表最右边一行，共有六种元素：氦（He）、氖（Ne）、氩（Ar）、氪（Kr）、氙（Xe）与氡（Rn），都是气体，因在空气中含量很少，不到总体积的百分之一，因而称为“稀有气体”。

这族元素是在1868年秋天发现的，当时法国天文学家皮埃尔·让森（Pierre-Jules-Cesar Janssen）与英国天文学家洛克耶（Joseph Norman Lockyer）各自独立发表了在非日食期观测太阳红焰（solar prominences）中光谱的结果，都发现其中有一种“黄线”（D_3），不属于当时已知的任何元素。

但到了 1871 年 4 月 3 日罗克业才认为这新的黄线乃源自一种新元素，他根据希腊文的 “helios”（太阳）命其名为 Helium（氦，He）。但确定地球上有这族元素的存在，则是在 19 世纪最后几年，最早发现的是氩（Argon）。

空气中“氩”的发现

空气中第一种为人所知的稀有气体元素是“氩”，现在科学界公认“氩”是 1894 年发现的，然而这个发现也可追溯到更早的 1785 年。那年，英国科学家卡文迪什（Henry Cavendish，1731 — 1810）在研究空气的组成时，将空气和氧通过电弧，使所有的氮形成各种氧化氮（包括二氧化氮、三氧化二氮等）；然后用碱液吸收所有的氧化氮，以及用硫化物溶液吸收所有的氧，结果发现还剩下一些气体，这些气体的体积还不到原来空气体积的一百二十分之一，但比一般空气中的二氧化碳与水蒸气的含量还要多；他也试着将此气体和氧通过电弧，发现它并没有变化。可惜当时他无法解释这个现象，而以为是实验上的误差，未再深入追究。不过，此实验的经过为 1849 年出版的《卡文迪什的一生》（*Life of Henry Cavendish*）一书所收载，传诸后世。

1880 — 1887 年间，英国伦敦的大学学院（University College）教授威廉·拉姆齐（William Ramsay，1852 — 1916，1904 年诺贝尔化学奖得主）因读了《卡文迪什的一生》曾尝试重复上述的实验，并发展出测量气体密度的新方法。他也获得与卡文迪什相同的结果，但未公开发表。另一方面，剑桥大学卡文迪什实验室的瑞利爵士三世（Lord Rayleigh，1842 — 1919，本名罗伯特·约翰·斯特拉特，1904 年诺贝尔物理奖得主）从 1882 年也计划为确定气体元素精确原子量而仔细测量其密度；在 1888 年已可达万分之一准确度后，开始重测氧和氮的密度，他发现从氨（NH_3）与氧气经氧化所得的氮，比空气和红热的铜起作用所得的氮要轻——化学方法制得的氮比空气里的"氮"轻千分之一。瑞利因无合理解释,故将此结果发表于 1892 年 9 月 29 日的《自然》(*Nature*）期刊，征询科学家们对这奇特现象的意见。一个月后，拉姆齐告诉瑞利有关他先前的发现，两人因此有所讨论。1893 年 4 月，拉姆齐设计了一组新的实验装置：将金属镁在空气中受热，使镁与氮形成氮化镁（Mg_3N_2），然后再除去氧、二氧化碳和水蒸气，而在 1894 年 8 月确知获得另一种空气的成分，原子量约为 40，密度 19.086 g/100c.c.，比氮（12.506）大。起初，他以为那可能是氮的一种同素异形体 N_3，正如氧（O_2）和臭氧（O_3）一样，但因它不能与其他元素化合，和氮不同，故知其乃一新的元素。拉姆齐称之为 Argon（氩，Ar），是从希腊文 argos（不活泼，惰性）而来。

由于氩的原子量约为 40，而无法被纳入门捷列夫（D. I. Mendeleev，1834 — 1907）原有的周期表中，当时甚至不为门捷列夫所信；再者，拉姆齐 1894 年所得到的"氩"并非纯粹的元素，而是几种稀有气体的混合物。1898 年年初，拉姆齐和他的助手卓佛思（M. W. Travers，1872 — 1961）利用英国的汉普森（U. Hampson）与德国的林德（G. Linde）两位工程师发明的液化空气方法，才得到纯的液态氩。此后，其他稀有气体元素也陆续被人发现。

高不可攀却仍有用

这六种气体元素的共同特性是：反应性极差，且都以单一原子存在。故通常除了因含量稀少而称之为“稀有气体”（rare gases）外，也因似是高不可攀而称为“高贵气体”（noble gases），或因似是迟钝懒惰而称为“惰性气体”（inert gases）。若据路易斯（G. N. Lewis）的八隅体说法，氦原子最外层仅两电子，而其他五元素原子最外层均为八电子，恰可解释其“惰性”。但是否果真如此呢？

到 1930 年代，稀有气体元素的许多基本数据都已知道。现将与化学反应息息相关的电离能（ionization energy）和电子激发能（promotion energy）列于表 6。

表 6　稀有气体元素的第一电离能与电子激发能

元素	第一电离能，kJ/mol	电子激发能，{ $ns^2np^6 \rightarrow ns^2np^5(n+1)s$ } kJ/mol
He(氦)	2372	
Ne(氖)	2080	1601
Ar(氩)	1520	1110
Kr(氪)	1351	955
Xe(氙)	1169	801

由于氙与氡的第一电离能及电子激发能都比较低，1933年鲍林（Linus C. Pauling，1901 — 1994，1954 年诺贝尔化学奖与 1962 年诺贝尔和平奖得主）曾预测氟和氙或氡应能形成六氟化氙或六氟化氡。但当时虽有些化学家尝试，却未能成功。

氦等稀有气体虽然“高贵”又具“惰性”，但是却可应用此性质而有不少用途。现举一些例子，如 1914 年美国通用电器公司研究部的朗缪尔（Irving Langmuir，1881 — 1957，1932 年诺贝尔化学奖得主）发明以氩代替氮气充于电灯泡中，可增加亮度及钨丝寿命；以氦代替氢气球的氢，则可大增气球的安全性。

稀有气体元素也有一些可应用的物理性质，例如 1920 年代，科学家利用稀有气体在不同高压电下放电时会产生不同颜色，而用之于霓虹灯中，如：低压放电时氦为黄色、氖为橘红色、氩为浅红色、氪为紫色、氙为蓝绿色；较高压放电时则氩为亮蓝色、氙为日光色。美国的一些天然气井里含有相当多的氦，分离提纯后可运至世界各处，因为液态氦（沸点 4.18 K）是低温科学研究不可或缺的宝物，也是当前使用高磁场核磁共振仪时为维持低温超导磁铁的必备制冷剂，许多化学分析仪器也都常需要用到氦气。

1962 年之大突破

1961 年秋季，加拿大英属哥伦比亚大学的年轻助理教授巴特勒（Neil Bartlett，1932 — 2008）由氧（O_2）与六氟化铂（PtF_6）作用得一特殊的盐，分子式为〔O^{2+}〕〔PtF_6^-〕；他从大学教科书中发现氧分子的第一电离能（1163 kJ/mol）与氙原子（1169 kJ/mol）相差无几，因而尝试使氙与六氟化铂发生反应；1962 年 3 月 23 日终于制成了稳定的红色固体 $Xe^+ PtF_6^-$，[①]发表于 1962 年 6 月的《化学学会会议录》（*Proceedings of the Chemical Society*）。

这是稀有气体元素化学的一大突破，稀有气体不再是“高不可攀”，亦非“迟钝懒惰”。1962 年 8 月，四氟化氙（XeF_4）也在美国阿冈国家研究所制造成功。此后，负责任的教师要向学生“更正”以往的“错误”，而自 1963 年起，所有涉及稀有气体元素和构成化学键的化学教科书皆需重写。

1962 年 8 月起，多种氙和氪的稳定化合物陆续在实验室中被制出，有四种氧化态，其主要的化合物如：氧化态 II 的 XeF_2、XeF^+、KrF_2、KrF^+；氧化态 IV 的 XeF_4、XeF_3^+、KrF_3^+、〔CF_3CNKrF〕$^+$；氧化态 VI 的 XeF_6、$CsXeF_7$、Cs_2XeF_8、$XeOF_4$、XeO_2F_2、XeO_3；以及氧化态 VIII 的 XeO_4、XeO_3F_2、XeO_6^{4-}、K_n^+〔XeO_3F^-〕$_n$ 等。

以氟化氙为例，二氟化氙（XeF_2）、四氟化氙（XeF_4）及六氟化氙（XeF_6）可由氟和氙在 250 ℃以上的高温下制

① 1973 年发现此反应在室温先生成（XeF）$^+$（PtF_6）$^-$和（PtF_5），60℃时成为（XeF）$^+$（Pt_2F_{11}）$^-$。

成。400 ℃时，8 大气压的氟与 1.7 大气压的氙作用的生成物中，极大部分为四氟化氙。增加氟的压力，二氟化氙的量则可降至极小。室温时，四氟化氙的蒸气压为 3 mmHg，而六氟化氙比它约大 10 倍，故可将两者分开，得到纯的 XeF_4。六氟化氙可从四氟化氙与氟在一特制的热丝（hot wire）反应器里制取；二氟化氙则可利用氙在含有三氟化硼的深蓝色氟化银的氟化氢溶液中氧化而成，其化学反应式如下：

$$2AgF_2 + 2BF_3 + Xe \longrightarrow XeF_2 + 2AgBF_4$$

四氟化氙及六氟化氙极易水解，生成具强爆炸性的三氧化氙（XeO_3），二氟化氙则相当稳定。六氟化氙甚至能和石英（quartz，SiO_2）作用，产生 $XeOF_4$ 与 SiF_4。

氟化氙及氧化氙可用来制造其他含氙的化合物。在有机合成化学上，二氟化氙为一很有用的“氟化剂”，一般甚难控制的“氟取代”及“氟加成”反应，若用二氟化氙则颇易达成，例如：

$$XeF_2 + C_6H_6\text{（苯）} \longrightarrow C_6H_5F + Xe + HF$$

$$XeF_2 + {>}C = C{<}\text{（烯类）} \longrightarrow {>}CF - FC{<} + Xe$$

另外也有许多特殊的有机反应，只有借助二氟化氙才会进行。例如 1993 年有人报告，二氟化氙可将苯甲醇变成氟甲基苯基醚。

$$XeF_2 + C_6H_5CH_2OH \longrightarrow C_6H_5OCH_2F + Xe + HF$$

2000 年的另一突破

在 2000 年 8 月以前，氩原子是公认“不会形成稳定化合物”的。自 1962 年稀有气体化合物问世 38 年来，尝试制造稳定氩化合物者均未成功。但 20 世纪之末，芬兰赫尔辛基大学化学系的马库 · 拉萨能（Markku Rasanen）和他的三位同事，首度制成了在 27 K 以下能稳定存在的 HArF，论文发表于 2000 年 8 月 24 日出版的《自然》期刊上，轰动了科学界。无数有关的教科书及参考书，从 2001 年起都必须就此加以修订。类似 1963 年的往事再度发生。

这四位化学家将气态氩在室温下通过聚合态的吡啶（pyridine）——氟化氢（HF）加成物，并将此混合物冷凝于 7.5K 的碘化铯（CsI）上。此时，红外线光谱可以证明氟化氢乃散布于“隔离介质”（matrix）氩之中。然后再以波长 127 – 160 nm 的紫外线照射，同时将温度升高至 10K，则氟化氢先发生“光分解”，再和氩化合成 HArF。他们分别用氩同位素：氩－40 及氩－36，氢和含氢同位素的氟化氢（HF）、氟化氘（DF 或 ^{2}HF），制成了 ^{1}H-^{40}Ar-F、^{1}H-^{36}Ar-F 与 ^{2}H-^{40}Ar-F 三种 HArF。其结构的证明是由红外线光谱中表现 H-Ar 及 Ar-F 两种化学键应有的伸缩振动（n）和曲折振动（d）特性吸收，且其数值与理论计算的结果相当接近。

$$Ar + H\text{-}F \longrightarrow H\text{-}Ar\text{-}F$$

当前许多化学家都致力于合成结构复杂的新分子，试图发现新奇的现象，并希望倡导新观念或建立新理论。然而，仍有一些“简单”但重要的分子尚未制成，也有不少已知的现象尚无合理的解释。三原子分子 HArF 由不算繁复的方法制造成功，显示科学的挑战原有多种，即使不追随时髦，也一样能赢得掌声。

光触媒的原理与应用发展

□吴纪圣

传统的触媒是以热能升温的方式，驱动催化反应的进行，光触媒则是利用光能驱动反应的进行，如能利用取之不尽的太阳光能，显然就更贴近“绿色地球”的目标。光触媒的材料有许多种类，基本上属于半导体，包括二氧化钛（TiO_2）、CdS、WO_3、Fe_2O_3等无机化合物，但许多是具有毒性或在反应时材料性质不稳定，因此能实际应用的很有限。二氧化钛具有高度之化学稳定性，无毒性且与人体相容等优点，是目前最常用的光触媒，也最具商业上的应用价值。

大约在1970年代早期开始，日本研究发现二氧化钛光触媒的光催化特性后，就有许多学者投入研发工作。根据研究显示，二氧化钛光触媒在紫外光照射下，具有极强之氧化还原能力及表面的特殊亲水和亲油性，尤其近年来，相关的光触媒商业产品不断地开发出来，有些已开始进入我们日常的生活中，例如抗菌自洁瓷砖，冷气机内的紫外光空气滤清器等，预期将来将有更多的光触媒商品出现。

光触媒的原理

二氧化钛属于 n 型半导体（图 57），其光催化基本原理是经光子照射后，二氧化钛吸收光子的能量，电子会从其基态被激发至较高能级，将共价带的一个电子提升到传导带，结果产生一对自由电子—电洞对，此时电子拥有较高之能量，极不稳定，可以供给周围需要电子的介质。原共价带因电子跳脱而有空缺，称之为电洞（带有正电荷 h^+），也极不

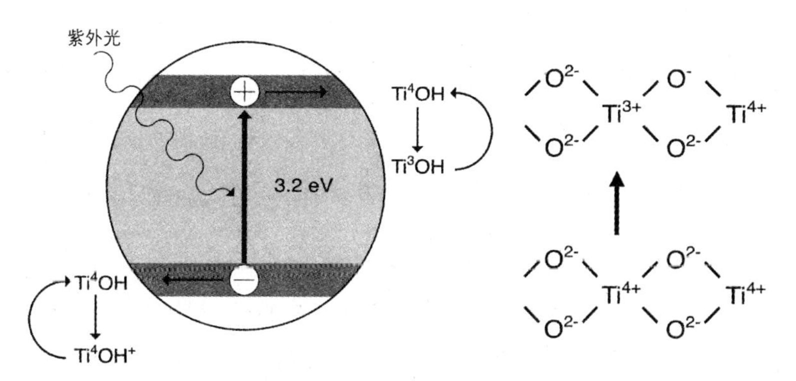

图 57　二氧化钛经紫外光照射后，电子从共价带跃升至传导带，产生电子—电洞对（$e^- h^+$），钛从 +4 价降为 +3 价，周边一个氧从 −2 价升为 −1 价。

稳定，需求周遭介质任何电子之补充。由于二氧化钛的能隙带大约是 3.2 eV，因此必须是紫外光（UV）的能量（波长小于 380 nm）才能激发。就原子结构而言，＋ 4 价的钛形成＋ 3 价，周围有一个氧由－ 2 价形成－ 1 价。产生的电子—电洞对，可以分别移转至二氧化钛表面进行催化反应，电子可以进行还原反应，电洞则进行氧化反应。

$TiO_2 + h\nu \longrightarrow e^- + h^+$ ……………………… （1）

阳极：$2H_2O + 4h^+ \longrightarrow 4H^+ O_2$ …………… （2）

$H_2O + h^+ \longrightarrow \cdot OH + H^+$ ………………… （3）

阴极：$O_2 + 2e^- + 2H^+ \longrightarrow H_2O_2$ …………… （4）

$O_2 + e^- \longrightarrow O_2^+$ ……………………………… （5）

$TiO_2 + 2h\nu \longrightarrow 2e^- + 2h^+$ ………………… （6）

$H_2O + 2h^+ \longrightarrow 1/2O_2 + 2H^+$ ………………… （7）

$2H^+ + 2e^- \longrightarrow H_2$ ……………………………… （8）

$H_2O + 2h\nu \longrightarrow \frac{1}{2}O_2 + H_2$ ……………………… （9）

每一颗二氧化钛粒子可视为一个小型化学电池，表面由许多阳极和阴极活性基组成，可将电子或电洞传递给吸附在表面的分子或离子，进行还原或氧化反应。如果在水溶液中，如式 1 － 5 所示，在紫外光照射后产生电子—电洞对。阳极传递电洞可以产生氧分子或 OH 自由基，具强氧化能力（式 2、3）。阴极传递电子，在氧存在时生成过氧化氢或超氧分子（O_2^-），也具有很强的氧化能力（式 4、5）。

二氧化钛产生的强氧化能力，可用于分解具毒性的有机物质，进而将环境中污染物去除净化；它除了氧化分解有毒物质的能力外，许多研究结果指出可用于分解水分子，其光催化反应可以将水分解成氢分子和氧分子。下列化学式简单地表示还原及氧化反应。

净反应为：

当光源来自太阳时，此反应代表将太阳能转化成氢能源，利用光能即能驱动反应的进行，比起传统的触媒需消耗化石能源借以燃烧升温、驱动催化反应的进行，更具清净能源的目标。近年来备受重视，如能提高效率，进行商业运转，将是再生能源利用的重大进展。

二氧化钛晶体结构有三种：锐钛矿、金红石和板钛矿。其中锐钛矿晶相与板钛矿晶相为在低温时可稳定存在的结构，而金红石晶相为在高温时稳定存在的结构，两者的相转移温度约在 600 ℃。锐钛矿晶相与金红石晶相均为正立方晶系的结构（图 58），其晶相皆是以六氧化钛（TiO_6）的八面体结构存在，不同的是在锐

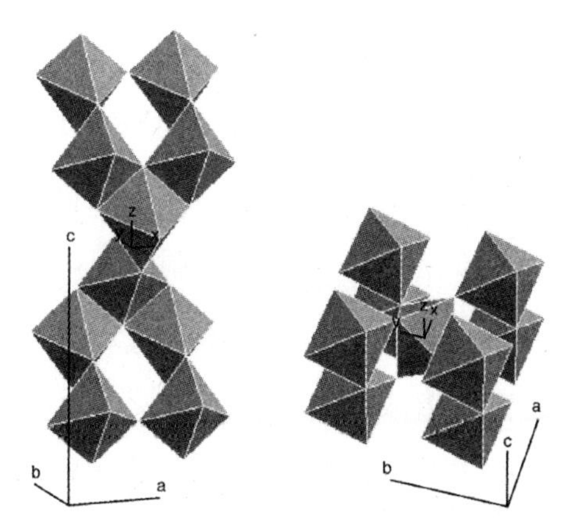

图 58 （A）锐钛矿晶相，八面体间以边缘相接的方式键结；（B）金红石晶相，八面体间以边缘和角相接的方式键结。

钛矿晶相，不论 a、b、c 轴方向，其八面体间的键结均是以边缘相接的方式成键（图 58A）。而在金红石晶相中，则是在 a、b 轴以角的相接，在 c 轴方向以边缘相接的方式成键（图 58B）。锐钛矿晶相的密度为 3.89g /cm³，能隙为 3.2 eV；金红石晶相的密度为 4.25 g/cm³，能隙为 3.0 eV。

亲油水双性

光诱导现象是二氧化钛的独特性质，前述光催化现象也可归类是一个光诱导现象。另一个光诱导现象是近年来被发现，而且也引起很多学者深入研究，就是牵涉到水的高度可湿性，称为二氧化钛的超亲水性。两种光诱导现象的机制有些不同，但皆属二氧化钛本质上的特性，可以同时存在于二氧化钛的表面上，并且借由控制二氧化钛的组成比例和制备过程，可以使二氧化钛表面表现多些光催化性而少些超亲水性，或反之亦可。

二氧化钛的薄膜经过紫外光照射，激发出电子—电洞对。如前所述，电子会还原二氧化钛中的 4 价钛（Ti^{4+}）成为 3 价钛（Ti^{3+}），而电洞会氧化 1 价态的氧离子（O^{-}），当再结合四个电洞，会形成氧分子脱离，结果在二氧化钛薄膜结构上形成氧空缺。当薄膜表面有水吸附时，例如来自空气中的水蒸气，水分子中的氧原子会填补氧的空缺，进而产生 OH 基，薄膜表面 OH 基的增加，便是增进表面的亲水性的主因。

亲水性表面的特性，使二氧化钛有许多应用价值。通常亲水性的强弱是用水滴在表面的接触角来定量，接触角越小，代表亲水性越强。在紫外光照射后，二氧化钛表面水滴的接触角会逐渐趋近于零度，因而会使原本凝聚的水滴摊开形成薄膜。例如二氧化钛的表面原本是非亲水性，雾气的水滴遮住表面的字，在紫外光照射后，水滴无法聚成一滴而摊开，使字清晰可见（图 59），可成为一种永久性防雾玻璃。

最近令人惊讶的发现是，二氧化钛经紫外光照射后，表面不但会亲水也会亲油（有机溶剂），呈现亲油水双性（图

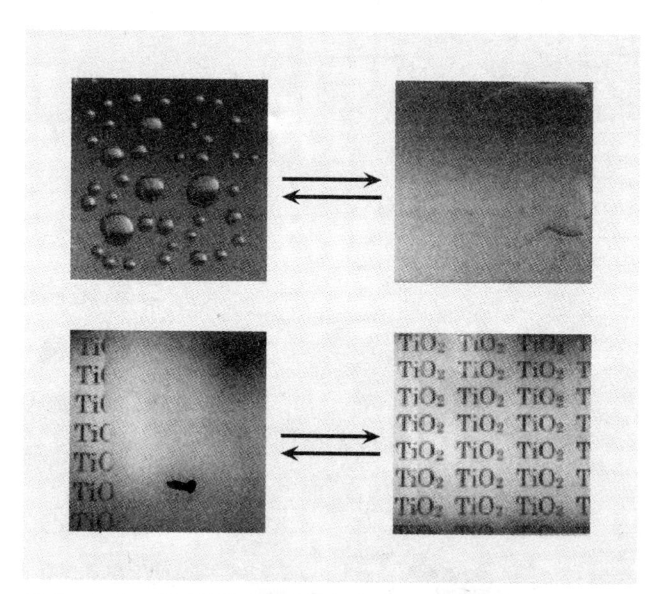

图 59 （A）二氧化钛表面在紫外光照射前，原本非亲水性（或称为亲油性）；（B）经紫外光照射后，变成亲水性表面，水滴会形成薄膜；（C）二氧化钛镀膜的玻璃表面，在紫外光照射前，雾气的微粒水滴会遮住表面的字；（D）经紫外光照射后，使表面的雾气微粒水滴摊开成水膜，使表面的字清晰可见。

60)。一颗水滴在表面的接触角会趋近零度(图 60A),称为亲水性表面;另一方面,一颗油滴在表面的接触角也会趋近零度(图 60B),称为亲油性表面。经研究观察,二氧化钛的表面之所以具有双重的亲油和亲水性,是在表面上会形成像西洋棋盘式的区块,每一区块大小约为 100 nm 的长方形,亲油和亲水的区块交错排列(图 61)。亲水的区块如上所述是氧空缺的位置,吸附水分子而形成,而亲油的区块,则是原本未照射前,就是非亲水性(即亲油性)区块所组成。

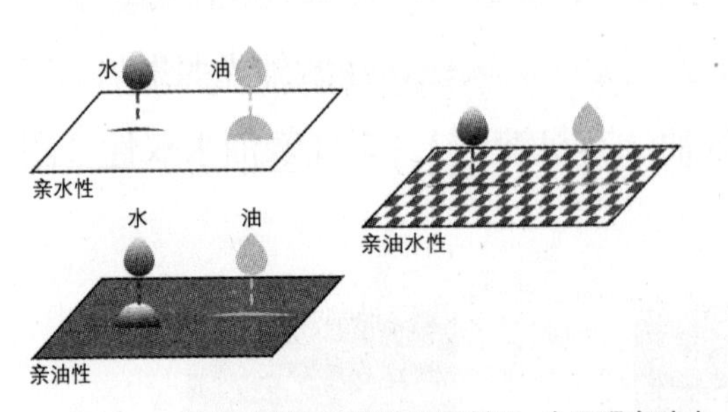

图 60　二氧化钛表面经紫外光照射后,会呈现亲油水双性。(A)亲水性;(B)亲油性;(C)亲油水双性。

二氧化钛催化活性的改良

二氧化钛原本在工业界是大宗的白色涂料或填充剂的主要成分,例如 Degussa 的二氧化钛粉末(商品名 P-25),

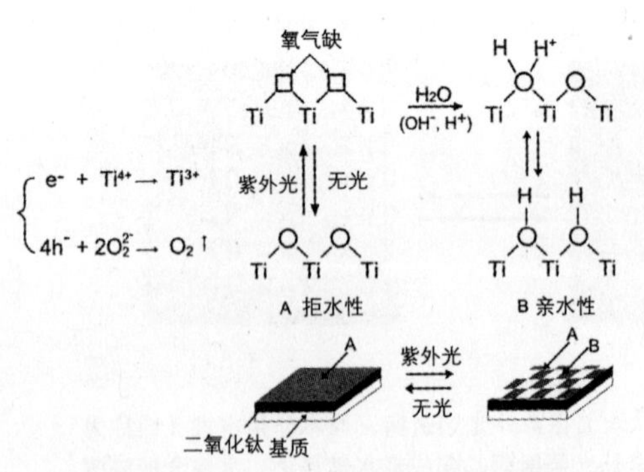

图 61　紫外光照射二氧化钛表面,形成氧空缺,部分表面水分子吸附,形成亲油和亲水的交错区块。

就是常用的大宗原料。纯二氧化钛对可见光完全不吸收，所以呈现白色，但对紫外光（波长＜ 380 nm）有很强的吸收能力，可以当作阻挡紫外光的材料，例如市面上可见的抗紫外线的防晒化妆品，百叶窗的涂料等。但纯二氧化钛在光催化活性效率并不高，近年的研究指出，将周期表内的过渡金属掺入二氧化钛，可以有效提升光催化能力。

为何过渡金属可以有效提升光催化能力呢？因为过渡金属提供捕捉电子或电洞的基位，降低电子和电洞再结合的几率。紫外光照产生的电子—电洞对相当不稳定，大部分都会再结合，以热能的方式释放出能量（图 62）。若掺入铜或铂等金属于二氧化钛光触媒进行改质，此类金属可提供电子陷阱，能有效降低电洞电子对之再结合速率。因为触媒表面光催化反应效率，部分是取决于相对光量子效率，如果电子和电洞再结合的几率高，则会降低光触媒催化效果。另一方面，在表面的铜或铂金属是催化活性基，也可增进电子传递给反应物的效能。所以降低电子和电洞再结合的几率，以及加速电子和电洞的转移至表面反应物的速率，均可提高触媒的光量子效率、增进总反应速率和量子产率。

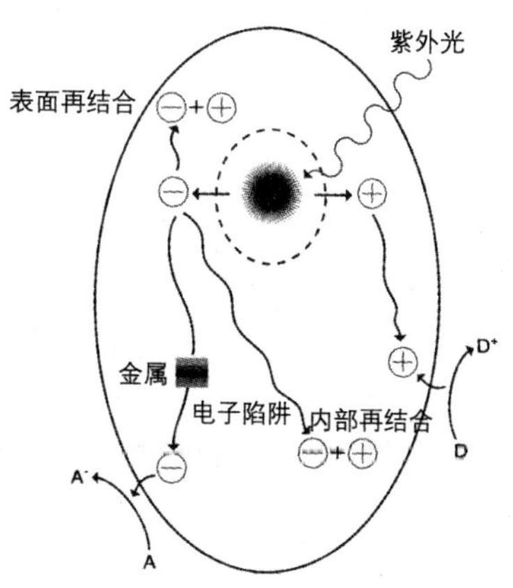

图 62　掺入金属在二氧化钛内，可以降低电子—电洞的再结合几率，提升光催化效率的示意图。

二氧化钛光触媒的应用技术

二氧化钛在光催化的应用技术方面，根据其特性，大致可分类为：（一）光诱导超亲水性的自洁性；（二）光催化分解有毒物；（三）光催化消毒杀菌；（四）光催化癌症治疗等四大类。

第一类是表面自洁性的应用，利用二氧化钛的超亲水性，可进行表面自洁过程。将覆有二氧化钛薄膜的基材照射紫外光后，水在表面上的接触角近乎零度，二氧化钛薄膜产生极佳的亲水性，所以可以借由浸泡水或以直接冲水的方式，简单地将油污冲洗掉。

主要可应用于日常生活中的家具表面、建筑物的玻璃窗、车窗或车用照后镜上，当家具沾染油污后，不需使用清洁剂，只要冲水就可以干净如新；而当窗户沾染灰尘，只要经过雨水的冲刷就变清洁了。另一种是进行污染物光分解的自洁反应机制，油污附着于二氧化钛薄膜上，经过紫外光照射，将使油污自行氧化分解清除。

第二和三类是运用在空气的清净和水的净化，利用二氧化钛光触媒在经紫外光照射后，具有强氧化分解的能力，使有机物与污染物分解清除，达到空气或水的净化。可以广泛应用于被污染的场所，如冷气机的光触媒滤网照射紫外光，将室内空气清净化。此外，饮用水或鱼缸水槽等也可应用同样的原理，氧化分解水中的污染物。

第四类是在医学方面的新应用，基本上也是利用二氧化钛在紫外光照射后，表面具有强氧化分解的能力，将细菌分解，达到消毒的效果，研究结果显示在紫外光照射的二氧化钛表面，可以有效抑制大肠杆菌的数量。在医院等具有生物感染性的场所，例如手术房的地板、墙壁和使用的物件表面，手术衣帽等，二氧化钛可发挥消毒的功能。而在癌症的治疗功效方面，在从 1980 年中期开始研究二氧化钛用于杀死癌细胞的动物实验，发现只需注射少量的二氧化钛胶剂于癌细胞周围，经由光纤导入紫外光照射，就可以选择性抑制癌细胞肿瘤的成长。

未来的发展

可见光触媒

二氧化钛为光触媒中光能使用效率良好的材料之一，在紫外线的照射下，对于许多反应均有良好的催化效果，特别是对于水污染或空气污染洁净。但二氧化钛的缺点在于只有对紫外光具有很好地吸收性质，而对于到达地表的太阳光，其中所含 95%以上的可见光却没有吸收利用的能力。因此开发出具有可见光吸收能力的光触媒，将可发挥光触媒最大的效益。具可见光吸收能力的光触媒，可以经由二氧化钛的制备技术改良，也可能用其他的材料制得，目前已有实验研究显示成功，用于有机毒物的分解和水分解。但尚未具实用价值，有待研究学者的努力。

光反应器的设计建造

截至目前，二氧化钛光触媒的应用均在一般生活用途而已，例如自洁抗菌的瓷砖和涂料，水的净化处理等。尚未有以光催化反应来生产化学产品，其中关键除了人工光源昂贵，太阳光能密度过低及无法全天候供应外，就是缺少一个有效率的光反应器，可以进行大量的化学品反应。1990 年代中期，已开始有光纤光反应器的设计研究的报道，其概念在于能将光能均匀地分散至光触媒表面，减少光能量的浪费，同时又达成在单位反应器体积内，提高光触媒表面积，提高反应器的效率。

省电新光源

□林快乐

人类努力寻求照明，古今中外均是如此。毕竟，白天的太阳光真的太有限了。从初期只能向月亮、萤火虫等借光，在稍具科学知识后就分析光和探寻光源，近来则是创造光。

古代晋朝车胤在夜间以发光的萤火虫当光源念书，因为萤火虫尾巴有发光器，其发光细胞中含虫荧光素和荧光盐，荧光素产生光能，荧光盐为催化剂。萤火虫吸进大量氧气，其氧化反应让腹下发出光亮来，但因萤火虫的呼吸节律而形成时明时暗，如闪烁的小星星。萤火虫转换能量的效率高（超过 90%，其他成为热），因此萤火虫发出的光为“冷光”。

牛顿发现，光谱不为棱镜分光时即为单色光，将红、绿、蓝三种色光以不同的比例混合，可成为各种色光。红、绿、蓝即为三原色，各色光自有其波长，例如红光在 6300Å—7800Å。彩虹多色只是阳光“分家”，但已勾起文艺家诸多遐想。

在无意中发现照明的有趣例子，是 1859 年德国物理学家伦琴发现不明光源，因其本质神秘，就仿数学代表未知数方式，命名 X 射线（当时中国清朝报刊称之为“天晓得射线”）。另外，法国物理学家贝克勒尔联想自然界的可见光和 X 射线是否在同样机制下产生？他曾制作出含荧光物质的灯，但易坏而不实用。

传统光源

1879 年爱迪生试用碳灯丝，这是他经历了近两千次耐热材料和近千种植物纤维的实验，才制造出的灯泡。他也发展出相关必需的配套，包括并联电路、保险丝、绝缘物质等。碳灯丝虽有极高的熔点（3550 ℃），但升华温度低，使用寿命短，所以目前几乎都是使用熔点更高（3410 ℃）的钨丝。

其他类似白光的照明，包括卤素灯。灯泡内包含溴或碘分子，在高温下卤元素和被蒸发至灯泡内表面的钨形成分子，当这些分子碰到高温的灯丝时，钨会还原回灯丝，于是可使蒸发的灯丝再度还原，因此，卤素扮演着清道夫的角色。但是被还原的钨并非很均匀地分布在灯丝上，而在某些位置汇聚形成小斑点，而最终导致灯丝烧断。卤素灯产生更接近阳光的频谱，有更高的发光效率，但是，卤素有毒。

日光灯在 1935 年因荧光化学物质的研究而开始广泛应用。日光管两端为电极，上有 2 — 3 圈的钨丝，将电子放射物质涂布在钨丝上，管内有适量水银并填充氩气，同时在管的内壁涂上荧光物质。通电后，电流流过电极，钨丝温度上升，电子放射物质温度也上升，释放大量的热电子，而在两极间加压，由负极流向正极，造成管内电流，在管内撞击水银原子，因而产生能量激发紫外线；再由紫外线照射玻璃管壁的荧光物质，由紫外线吸收可见光而发光。荧光物质种类的不同，可显现出白色或其他光色；但是，水银等物会污染环境。

和全光谱的太阳光比较，白炽灯偏红光、红外光特多；日光灯的蓝光较多，有一些紫外光，但很少红外光。在色温（灯本身颜色）方面，白炽灯约 2800 K，近于黄昏太阳光；日光灯约 6500 K，约近阴天太阳光。在演色性（物质被灯照出的颜色和标准光下的颜色相似的程度，例如 90 表示 90% 相近）方面，白炽灯约 100，因此在白炽灯下看东西的颜色和在太阳下看的大约相同。

革命性的白光光源

有人说，发光二极体（light-emitting diode，LED）是爱迪生发明电灯泡以来，最具革命性的光源。市面上已有不少发光二极体灯具贩售，到底它是什么呢？白光发光二极体由日本日亚化学公司发展，是属于二波长混合光。其废弃物合乎环保（无汞污染），因而被称为“绿色照明光源”。

近年来，欧美和日本等国基于节约能源与环境保护的共识，皆决定选择白光发光二极体作为21世纪照明的新光源。再加上目前许多国家的能源都仰赖进口，使得它在照明市场上的发展极具价值。根据专家的评估，日本若是将所有白炽灯以白光发光二极体取代，则每年可省下一到两座发电厂的发电量，间接减少的耗油量可达10亿升；而且在发电过程中，所排放出来的二氧化碳也会减少，进而抑制了温室效应。

发光二极体的元件具两个电极端子，通入很小的电流便可发光。使用铝砷化镓（AlGaAs）、磷化铝铟镓（AlGaInP）、铟氮化镓（InGaN）等周期表III-V族化合物半导体，二极体内电子与电洞结合释出能量转为光；发光现象属于冷光。发光二极体元件寿命可达十万小时以上，比钨丝灯泡仅一千小时的寿命或日光灯五千小时的寿命高出很多。发光二极体的耗电量小，不需要暖灯时间，产品反应速度又快，目前广泛应用于汽车、通讯、消费性电子及工业仪表中，在手机上的应用更是目前新兴的趋势。另外，诸如体育场的全彩大型显示幕，发光二极体俨然成为标准配备，平均约需200万颗发光二极体。

发光二极体通常是单色光源，其光色依半导体带宽（bandgap）而定。最普遍的白光发光二极体“并不那么白”，例如，来自氮化镓蓝光发光二极体加上黄色荧光质涂层，所发白光为宽频谱带一点点蓝色调，和街角水银灯光类似。也可使用紫外光发光二极体激发红绿蓝荧光质；这些激发荧光质程序和传统的日光灯做法类似，但因为将蓝光或紫外光转化成白光的过程会有能量损失，且在激发荧光质过程中的散射和吸附也会失掉一些光能。另一做法是结合红绿蓝波长的发光二极体晶片组装而成，可发白光，但有效均匀组合和调控色彩并不易，有时会因视角不同导致不同颜色。还有，不同色光的发光二极体损耗速率不同，就需要增加感应侦测与补偿。

白光发光二极体的功能，和其中组成的半导体纯度、荧光质晶体形状、散热等，都有着密不可分的关系。制作氮化镓的方法是在超高的温室情况下，气态的镓分子和氮分子分裂而在蓝宝石基板上结晶成长（类似电脑晶片制作），数小时后即可得到多晶层，但各层的化性略有不同。此过程还算不完备，原子排列的微小差异可导致抵减效率区。美国桑迪亚（Sandia）国家实验室改善效率的做法，是在蓝宝石基板上蚀刻凹槽，形成一系列的薄薄蓝宝石背脊突起，各约 1 微米（μm）宽，就像托梁，氮化镓就在蓝宝石背脊上成长，向侧面长在凹槽上。使用此方法可大大减少缺陷区，而让亮度提升至原本的 10 倍。另外，通常部分蓝光会在二极体晶体中回弹而消耗浪费掉，美国加州大学日裔科学家中村修二（Shuji Nakamura，图 63）在其中加入了镜子般的纳米结构，约 50 纳米（nm）宽，放在一些晶体层中，如此可增加 50% 的光输出。

美国奇异公司已经研发出新的荧光物质，可增加吸收能量至原本的 100 倍，因此，其白光发光二极体已可达每瓦 30 流明（lumen，光通量单位），比通常日光灯的每瓦 13 流明改进很多，而且它可耐久到 5 万小时，约为一般日光灯的六倍。发光二极体混光效果佳，其色温和，演色性可调变；光指向性又强，适宜当投射用，且发光二极体并不是因为加热而发光，故为冷光光源，没有热辐射。发光二极体光的亮度和视角成相反关系，越宽的视角就会导致越低的亮度。例如用作床头灯，20 度视角就相当适宜。

图 63　中村修二获得 2006 年的“千年技术奖”，1990 年时他开发出蓝色高亮度发光二极体，配合早已研发出的红色和绿色发光二极体，不但使色彩能在电子显示设备上充分展现，且元件使用寿命也大大延长，电力消耗更降低了 90%。

在当交通指挥灯的应用方面，虽然发光二极体起始成本较贵，但因更省电，或约在一年内可和灯泡平手，还不论人工和维修等费用呢。在室内设计方面，因为发光二极体的所有颜色强光均已单独完成，使用者可自行调整组合的色光源，例如由红绿蓝组成的白光，可少减红光和稍加蓝光而调得更冷感些。因为调整光波频率即可改变光色，因此使用者方便自行调整光色。之前，白光发光二极体刚问世时曾装在冰箱内，因设计者认为冷光很适合，但是消费者却觉得鱼肉蔬果等食物看起来死气沉沉，而排斥、拒绝白光发光二极体冰箱。

在医学上，发光二极体的应用潜力也很大，例如因其冷光、可精确调控波长、宽束等特性，让癌症专家研究肿瘤的光动力治疗更方便：病患者服用较易为肿瘤细胞所吸收的对光敏感的药，以适宜波长的光激荡时，这些化学药物会破坏肿瘤细胞。海洋生物学家需要在深海中照明以研究鲸鱼等动物生态，深海中的水压大，不适当的人工光源可能吸引或驱离动物，因而影响其实际活动情况。发光二极体这时就可派上用场，使用近红外光，则摄影机能“看到”动物，但是动物“看不到”光。

广大的照明市场

白光发光二极体不只是改变灯泡，更要改变照明典范。中村修二等科学家期以发光二极体取代传统照明，因为二极体晶粒的寿命是市售灯泡的百倍以上。预期未来发光二极体照明将取代日光灯，进而减少汞污染。在节能上，灯泡只用到耗电的 5%，日光灯则约 25%，至于二极体，理论上近乎 100%，目前白光二极体的效率已可达灯泡和日光灯之间。依照美国能源部的报告，在 2025 年前，二极体照明将省下一成的电力、一年 1000 亿美元电费、500 亿美元发电场建造费，估计全球一年有约 400 亿的照明市场。

发光二极体的颜色与添加物的关系

1960年代发光二极体发展至今，因其高耐震性、寿命长，同时耗电量少、发热度小的特性，所以普遍应用于日常生活中，如家电制品及各式仪器的指示灯或光源等。近年来，应用范围更朝向户外显示器发展，如大型户外显示看板及交通信号灯。由于红、蓝、绿是全彩的三原色，对于全彩色户外显示看板而言，高亮度蓝色或绿色发光二极体更是不可或缺。下表为添加物和发出光色的关系：

添加的化合物	发出的色光
铝砷化镓（AlGaAs）	红色及红外线
磷砷化镓（GaAsP）	红色、橘红色、黄色
磷化镓（GaP）	红色、黄色、绿色
磷化铝铟镓（AlGaInP）	高亮度橘红色、橙色、黄色、绿色
铝磷化镓（AlGaP）	绿色
氮化镓（GaN）	绿色、翠绿色、蓝色
铟氮化镓（InGaN）	近紫外线、蓝绿色、蓝色
碳化硅（SiC）（用作基板）	蓝色
蓝宝石（Al_2O_3）（用作基板）	蓝色
锌化硒（ZnSe）	蓝色
钻石（C）	紫外线
氮化铝（AlN）	波长为远至近的紫外线
硅（Si）（用作基板）	蓝色（开发中）

省电的白光发光二极体

□刘如熹

自 1810 年代，煤油灯的出现取代了人类社会长达 22 个世纪以蜡烛与油灯为主的照明方式后，便开启了第一世代光源的时代。1879 年，爱迪生发明了白炽灯泡（incandescent lamp），又取代了煤油灯成为第二世代光源。1938 年，荧光（日光）灯管（fluorescent lamp）的发明，成为了第三世代光源。至 1996 年，日本日亚（Nichia）公司发展白光发光二极体，正式宣告第四世代光源的来临。有趣的是，从这些纪录看来，约每隔一甲子的时间就会有一个新世代的光源被发明出来，或许再过五十年，又会有第五世代光源诞生。

发光原理

白光 LED 乃采用单一发光单元发出较短波长的光，再用荧光粉将光线转化成一种或多种其他颜色的光（波长较长的光），当所有的光混合后，看起来就像白光。这种光波波长转化作用称为荧光化，原理为短波长的光子（如蓝光或紫外光）被荧光物质（如荧光粉）中的电子吸收后，这些电子因此被激发至较高能量。之后电子在返回原位时，一部分能量散失为热能，一部分以光子形式放出，由于放出的光子能量比之前的小，所以波长就会变得较长。

1996 年，日亚公司开发了波长约 460 nm 的蓝光 LED 作为发光单元，激发掺杂铈（Ce^{3+}）的钇—铝—镓石榴石（yttrium aluminum garnet，YAG）荧光粉。LED 发出的部分蓝光便由这些荧光粉转换为黄光，由于黄光能刺激人眼中的红光和绿光受体，加上原有剩下的蓝光刺激人眼中的蓝光受体，混合后看起来就像白色光。

发光效率

发光效能（luminous efficiency，单位为流明 / 瓦）为照明光源最重要的单位之一。白光 LED 的发光机制是将电能（单位为瓦）转换为光能，其所发出的光能单位以流明表示，因此白光 LED 的效率，通常以“能”来表示电能与光能转换效率的发光效能表示。

早期的 LED 工作功率，都是设定于 30~60 毫瓦电能以下，于 1999 年开始引入可于 1 瓦电力输入下连续使用的商业品级 LED。这些 LED 都以特大的半导体晶片来处理高电能输入问题，而半导体晶片均固定于散热基座上。2002 年时，市场上开始有 5 瓦的 LED 出现，而其效率大约是每瓦 18 — 22 流明。2003 年 9 月，美国 LED 大厂科锐（Cree）公司展示其新款的蓝光 LED，于 20 毫安下达到 35%的照明效率。他们也制造能够达到 65 流明 / 瓦的白光 LED 商品，此为当时市面上可看到最亮的白光 LED。

2005 年，科锐又展示了一款白光 LED 原型，于 350 毫安的工作环境下，创下效率为 70 流明 / 瓦的纪录。日本日亚公司于 2009 年 2 月所发表的 LED，于 20 毫安情况下发光效率提高至 249 流明 / 瓦。不过在一般 LED 产业常用于 350 毫安电流情况下，发光效率反而降低到 145 流明 / 瓦。日亚公司表示，此种增加电流产生发光效率下降，可能是制程方面有些问题。理论上白光 LED 的效率最高可达 263 流明 / 瓦，但如果采用新的荧光粉技术，日亚公司可将此极限进一步提高至 300 流明 / 瓦。

美国华盛顿特区国家艺术馆的 LED 回廊，是由 41000 个 LED 灯泡组成。

与日亚公司的成果相比，科锐最近公布的发光效率的数字是 161 流明 / 瓦，而另外一家公司欧司朗（Osram），则是 136 流明 / 瓦，都是以 350 毫安的电流驱动下所测试之数据。一般灯泡的发光效率约在 15 流明 / 瓦，省电灯泡约在 40 — 50 流明 / 瓦，日光灯管约在 80 流明 / 瓦，LED 目前则可达到约 150 流明 / 瓦，故就照明最重视的发光效率而言，LED 已超越日光灯的水准，而且相较于日光灯，LED 更具有环保节能的优点，意即使用更低的能源，就能达到相同的发光效果。但 LED 目前之所以还无法取代日光灯的原因，在于成本太高（大约差距 16 — 17 倍）。所以 LED 若想取代灯泡，最重要的两个研究课题为提升效能与降低成本，此亦为 LED 业界自发展以来所共同追求的目标。

光照水分解产氢技术

□刘如熹　张文升

面临日趋严重的全球暖化情况与未来世界能源需求大增之压力，各国纷纷寻找取代传统化石燃料的再生能源。由于氢气具有非常高的能量密度，且燃烧后产物为纯净的水，对环境将不会造成污染，故被视为极具潜力可取代化石燃料之次世代能源。目前大部分的氢气仍来自化石燃料，仅有少部分的氢气来自于再生能源，为达成二氧化碳零排放的理想，制造氢气的原料最好可再循环利用，除此之外氢气生产过程中所供给的能量，也必须由再生能源所提供。

于众多利用再生能源生产氢气的方式中，太阳能产氢技术与电解水产氢技术相似，皆可将水分解成为氢气与氧气，但不同之处为太阳能产氢技术是利用光触媒(photocatalyst)，借由太阳光的能量，在不需供给任何电力的情况下即可分解水产生纯净的氢气，其所产生之氢气可作为电力的来源，如此一来运用自然界丰富的水资源即可产生源源不绝的能量，所以此项技术亦被视为化学界中的圣杯（holy grail of chemistry)。水分解产氢的光触媒材料为近年来相当热门之研究议题，随着多种新型可见光光触媒材料与反应示范器的开发，在氢气生产与应用方面有着极大的进展。

氢能崛起与现况

氢气具有高度能量，可借由转化装置转化为动能或电能(如燃料电池)，其应用范围广泛，因此相较其他再生能源更具发展优势。纵观目前氢气生产的方式，其来源可从化石燃料、核能、再生能源、生质能或水等而来。然而除了化石燃料与部分电解技术外，其他的方式大都仍处于发展或试验阶段。

若依据目前使用的商业技术，以再生能源所生产的氢气量只约占现今市场需求 4%，且方式多为利用再生能源提供电力来电解水生产氢气，其他 96%仍然是以化石原料为主，

① 所谓“触媒”，是指会降低活化能以协助或减缓反应进行，但是原则上不会消耗的催化材料，理论上来说，它的量是不会随着反应进行而减少的，算是永久性的材料；而“光触媒”是指在平时并不具备有触媒能力，只有在特定波长光源的照射下能激发而产生催化作用的一种物质。

且由化石原料生产的氢气之售价普遍每千克低于 5 美元。未来若要真正落实二氧化碳零排放的理想，使用再生能源产氢的方式必然成为趋势，目前已经发展多种结合再生能源生产氢气的方式，例如以太阳光的热能分解水，或是将风力与太阳能板所产生的电力提供给电解槽中的水分解成氢气与氧气，以及将生质能转化成为氢气及太阳能产氢等方式。

技术与成本考量

上述提及的再生能源产氢技术中，以“水分解产氢方式”被认为是最适合永续经营的产氢方法，因为水是地球上蕴藏最丰富的氢载体。若利用充足的太阳光作为水分解时之能量需求，则可源源不绝提供洁净的氢气。

但是，利用太阳能分解水的技术势必会面临到土地利用的问题，根据 1999 年美国再生能源实验室（National Renewable Energy Laboratory, NREL）所发表之《一个可实现的再生能源的未来》一文中指出，若以美国一年的电力需求量作为基准（1997 年，约 3.2×10^{12} 瓦），换算成相等能量之氢气（约 1 亿 2 千万吨的氢气），以太阳能板（photovoltaic panels）结合电解槽的方式（效率约 10%，太阳能板效率约 15%与电解槽效率约 70%），则需要 10900 平方英里的土地（< 0.4% 全美可利用之土地），由此可知太阳能（photovoltaic, PV）系统确实有足够能力提供日常生活所需的能量需求。虽然 PV 产氢系统目前的设备均已商业化，但太阳能板生产电力

的花费仍居高不下，其氢气生产成本大约为每千克13美元，因此较难与现行的产氢技术竞争。

水分解产氢技术乃将太阳能板与电解槽设备整合为一（图64），省去系统间分散的设备与花费，除此之外，运用于水分解产氢技术中的光触媒材料成本较低且不需半导体制程，因此当水分解产氢技术效率相等于PV系统时（10%），生产氢气的成本将大幅降低。

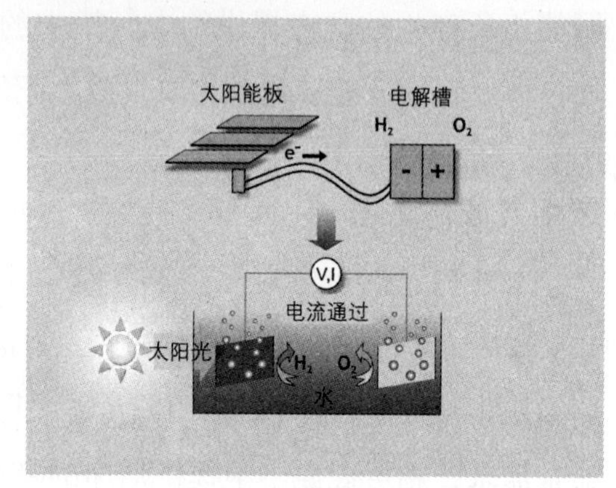

图64　水分解产氢技术将太阳能板与电解槽设备整合为一，可降低生产氢气的设备成本。

水分解产氢技术

源起

所谓水分解产氢技术，即是利用太阳光作为能量来源，辅以半导体材料进行分解水产氢的方式，此概念最早在1972年由本多（K. Honda）与藤岛（A. Fujishima）两位日本学者所实现，他们将金红石相之二氧化钛（rutile TiO_2）置于阳极，利用白金（Pt）作为阴极电极，由于TiO_2属n（negative）型半导体，其能隙值（band gap）约为3.2电子伏特（eV），于 UV 光源照射下 TiO_2 电极会被激发而产生电子—电洞对(electron-hole pairs)，在光触媒表面会形成电洞，而所产生之电洞将水氧化成氧气，电子则借由外电路传递至白金电极发生还原反应生成氢气，此即著名的“本多—藤岛效应”(Honda-Fujishima effect，图 65)。

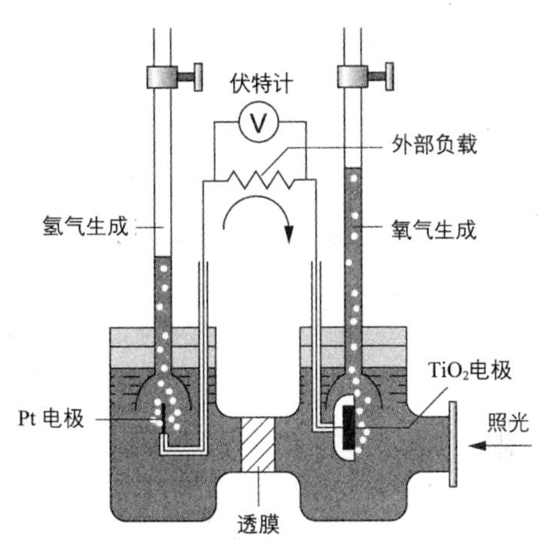

图 65 “本多－藤岛效应”：在 UV 光的照射下，阳极的 TiO_2（光触媒材料）会被激发产生电子－电洞对于 TiO_2 表面形成带正电的电洞，将水氧化成氧气，而电子则传递至阴极的 Pt 发生还原反应生成氢气。

类型

一般而言，水分解产氢技术大致上可分成两种类型：

一、“光电化学产氢技术”(photoelectrochemical, PEC)，如图 65 之反应即为 PEC 技术，此类产氢方式主要是以光触媒制作成反应电极，中间借由透膜以分开氧化与还原反应，如同一般常见的电解水形式，氢气与氧气分别于阳极与阴极产生，这种方式亦可借由提供偏压以增加水分解不足的能量或是提升水分解产氢的效能。

二、“光催化反应产氢技术”（photocatalytic reaction），光催化反应为所有水分解过程中的氧化还原反应均发生于光触媒材料表面上，从图66可清楚了解光催化反应产氢的原理与机制：

步骤一：光触媒在吸收大于本身材料能隙值的光子能量后会产生电子—电洞对。

步骤二：光激发载子分离且扩散至触媒表面。

步骤三：光激发产生之电子、电洞于表面分别产生氢气与氧气。

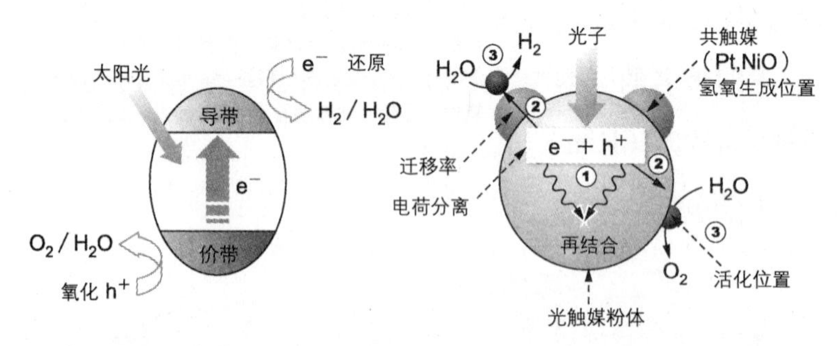

图66　光催化反应产氢技术中，光触媒化学反应的原理与机制示意图。（A）为基本的反应原理，其中 e^-、h^+分别表示电子与电洞。（B）为实际上的反应机制及各种可能发生的反应途径；其中步骤①为光触媒吸收大于本身能隙值的光子能量而产生电子—电洞对（e^-+h^+）；步骤②为光激发载子分离且扩散至触媒表面；步骤③为受光激发产生的电子、电洞于触媒表面分别产生氢气与氧气。

反应需求

由于水在自然界中相对稳定，所以需要提供适当能量才能将水分解为氢气与氧气。根据热力学公式计算，水分解反应所需要的能量约为每摩尔238千焦耳，而由相对标准氢之氧化还原电位，对于分解水之能阶为：

步骤一：$2H_2O_{(l)} \longrightarrow O_2 + 4H^+ + 4e^-$标准氢电位为1.23伏特

步骤二：$2H^+ + 2e^- \longrightarrow H_2$标准氢电位为0伏特

由上述反应式得知，水分解成为氢气与氧气所需输入之理论能量为1.23电子伏特，利用$E = hc/\lambda$公式①可得知要能进行分解水反应，需要吸收近似1000纳米波长的能量，然而真实水分解反应所需要的不只是理论上的能量值，同时还须考虑光触媒材料之氧化还原电位搭配及反应材料与溶液介面等问题。

以PEC系统为例，根据研究指出水分解反应的发生必须符合三大需求（图67）：

一、“能量需求”：由于光触媒材料与溶液间存在过电压等问题，因此实际上所需能量往往超过理论值0.4－0.5伏特的电压，所以材料能隙值必须大于1.6电子伏特，但为能有效利用日光能量，能隙值最好不要高于2.2电子伏特，相当于吸收波长在500－600纳米。

二、“稳定性”：水分解反应在水溶液中进行，因此材料在水溶液状态下必须具稳定性与长时间的触媒活性。

三、“能阶”：光触媒的导带（conduction band，CB）位

① 光源的能量（E）与波长（lambda，标记λ）之间具有反比关系，其中h是普朗克常数，x表示光速。

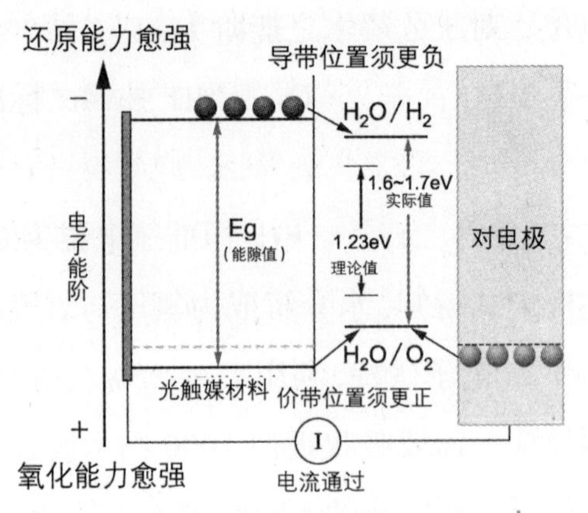

图 67　从图可知，水分解反应的能量需求理论值为 1.23 电子伏特，因此光触媒材料的能隙值理论要＞ 1.23eV，但由于光触媒本身与溶液间存有过电压等问题，所以实际上反应所需的能量会超过理论值，因此光触媒的能隙值也必须随之变大（如图所示 1.6 – 1.7eV）；而从能阶需求来看，光触媒的导带位置须低于氢的还原电位（更偏负），而价带位置须高于水的氧化电位（更偏正），才能有足够的氧化还原能力来进行水分解反应。

置必须低于（更偏负）氢之还原电位，而价带（valence band, VB）位置高于（更偏正）水的氧化电位，亦即光触媒材料必须具有足够氧化还原能力才能使水分解反应顺利进行。[①]

材料与反应器

目前运用于水分解产氢技术之光触媒材料，若以“材料

① 在绝对温度为零时，键结最高能量的能带都填满了电子，由于这些电子是参与键结作用，属于价电子，因此这些价电子所存在的能带，我们称其为“价带”；在一般状况下，这些价电子是稳定存在于价带中，可是当价电子接受外在的能量激发后，使其具有足够的能量可以进入那些未被电子占有的能带，由于这些能带一旦有电子进入便可以产生导电的效果，因此我们称其为“导带”。在价带与导带之间有一间隙，我们称之为“能隙”或“能阶”，因此电子要从价带到导带时，必须提供电子足够的能量。

吸光范围”区分光触媒材料，主要可分成“紫外光”与“可见光”光触媒，现今所常见的氧系列光触媒材料大都属于紫外光区，最为人所熟知的即为 TiO_2，此材料具有极佳的稳定性且常被使用于商业用途上，因此 TiO_2 的相关研究最多，仅有少部分的氧系列光触媒为可见光，如 Fe_2O_3、WO_3 等，图 68 即为常见光触媒材料之能隙值。

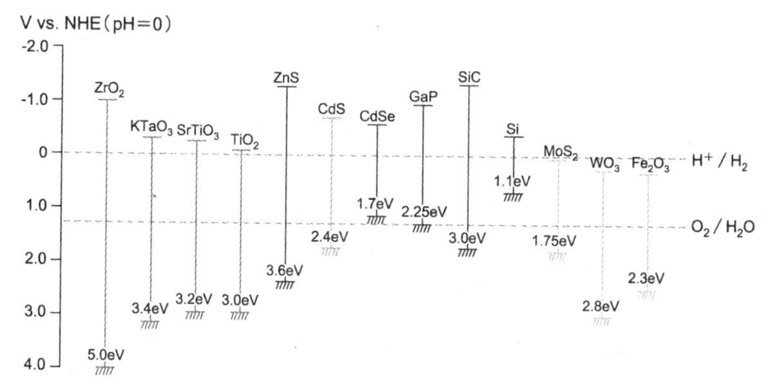

图 68　常见光触媒半导体材料之能隙值，纵坐标表示在 pH ＝ 0 时，“氧化还原电位相对于标准氢电位”。

除此之外，近十几年来各国科学家致力发展新型光触媒。这些紫外光光触媒发展包括，日本国家产业技术总合研究所（National Institute of Advanced Industrial Science and Technology, AIST）所开发之铟钽系列、日本东京大学堂免（K. Domen）教授所研究之钙钛矿（provskites）系列等；其中以 $NaTaO_3$（属于钠钽氧化物）光触媒具有最佳之产氢效率。而于可见光部分，有日本东京理科大学工藤（A. Kudo）教授所制备之 $CuInS_2$-$AgInS_2$-ZnS 光触媒材料，其能隙值约为 2.0 电子伏特，于 AM1.5（0.3 克触媒）之日光照射下，[①]产氢速率可达每小时 2.3 毫摩尔的氢气。表 7、表 8 为目前最佳产氢效率之光触媒种类与反应器比较表。

表 7　　水分解产氢之光触媒种类与产氢效率比较

研究单位	光触媒材料	效率
日本 AIST	Ni-$InTaO_4$	470μmole/hr-H_2（紫外光）
日本东京理科大学（工藤教授）	Ru($CuAg)_{0.15}In_{0.3}Zn_{1.4}S_2$ $NaTaO_3$	2320μmole/hr-H_2（可见光） 2810μmole/hr-H_2（紫外光）
美国杜肯大学	CM-TiO_2	η= 8.5%

注：μmole/hr-H_2（微摩尔氢气／小时）：表示每小时产生多少微摩尔的氢气。η：太阳光转化氢气效率。

表 8　　分解产氢之反应器与产氢效率比较

研究单位	反应器	效率
M.Graetzel 教授	WO_3/TiO_2	η= 4.5%（结合独立的染料敏化太阳能电池与光触媒薄膜反应器）
美国 NREL	$GaInP_2/GaAs$	η= 12.4%，光触媒寿命＞二十小时（制作成本昂贵，且此种材料在水溶液中易被腐蚀）

瓶颈与突破

现今仅有少部分研究单位开发出水分解产氢之雏形机或示范系统。如 1998 年美国 NREL 所发展之反应器乃采用复合式光触媒板，光反应板的材料为传统的 III-V 族半导体材

① AM 即 Air Mass（空气质量），定义为穿过几个大气层厚度之太阳光。AM1.5 用来表示地面的平均照度，是指阳光透过大气层后，与地表呈 48.2 度时的光强度，功率约为每平方米 844 瓦，在国际规范（IEC891、IEC904-1）则将 AM1.5 的功率定义为每平方米 1000 瓦。

料为主，借由多层光触媒材料设计以增加其产氢效率，此系统之太阳光转化氢气（solar to hydrogen）的效能可达 12.4%，更甚至已超越 PV 系统的产氢效能，但由于半导体材料于水溶液中并不稳定，会随着反应时间增长而导致材料表面逐渐被腐蚀，故最高效能仅能维持 20 小时。

根据先前文中所提及的水分解产氢材料之需求，至今尚未能有单一光触媒材料能够同时满足所有的条件，故现在专家学者纷纷致力于光触媒材料发展与改质研究，如图 69 乃以紫外光之金属氧化物光触媒借由掺杂异原子（如 C、N、S）以降低其氧化电位，可缩短能隙值至可见光范围；也可借由掺杂过渡金属或利用能隙工程以形成掺杂能阶或是新的混成轨道来改变其氧化与还原电位，借此将吸收光谱延伸至可见光区。

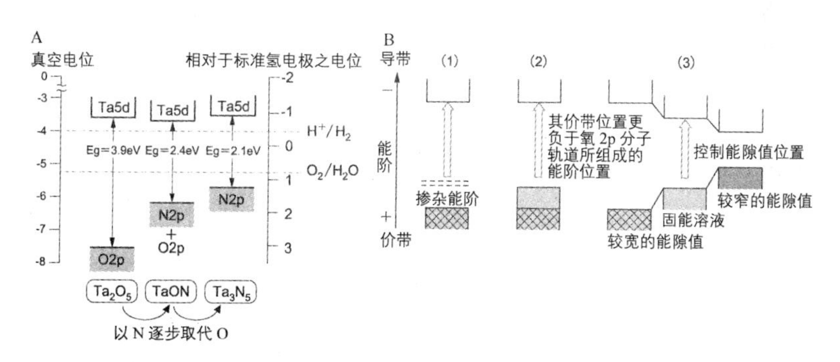

图 69　光触媒材料改质示意图。（A）光触媒借由掺杂非金属的异原子（以氮取代氧）改质来降低其氧化电位，缩短能隙值。（B-1）为光触媒借由掺杂过渡金属改质以形成掺杂能阶，缩短能隙值；（B-2）是以类似（A）的做法处理；（B-3）为利用能隙工程来改变触媒的氧化与还原电位，缩短能隙值。

台湾地区研发的光触媒材料均属于可见光材料，包含

AgInS 系列光触媒、氧化铁光触媒及量子点与氧化锌纳米柱复合材料，而目前硫系列之光触媒薄膜的效率于 AM1.5、每平方厘米 100 毫瓦之模拟日光照射下，其产氢速率可至每平方米 23 升（0 伏特相对于饱和甘汞电极之电压）。另外也同时开发双电池（tandem cell）系统之光触媒材料，氧化铁材料具有成本低廉与稳定性佳之特性，然而其缺点在于还原电位不足以产生氢气，因此可借由辅助外加光电池以克服势能问题，目前可借由表面改质技术将产氢速率提升至每平方米 25 升（0.7 伏特相对于饱和甘汞电极之电压），并可让光触媒寿命延长至 500 小时以上。

虽然量子点与氧化锌纳米柱复合材料具稳定性佳之优点，但其效率目前仍低于 3%。台湾工研院能环所亦已发展完成结合燃料电池之小型产氢示范系统（图 70），此系统采用之粉体为自行研发的硫系列光触媒材料，产氢速率约为每克材料每小时产生 60 毫升（燃料电池功率为 0.7 瓦），光触媒寿命可维持 120 小时以上。

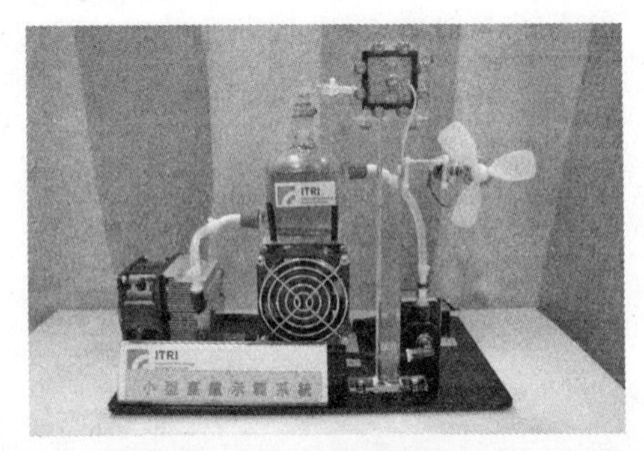

图 70　由台湾工研院能环所发展的小型水分解产氢示范系统

未来的数十年内，人类对于能源的使用仍无法摆脱化石燃料，但若欲有效解决气候变迁及能源需求增加的窘境，仍须致力于替代能源的发展。“水分解产氢技术”为未来再生能源使用提供一个洁净且可信赖的蓝图，以现今光触媒的发展而言，太阳能分解水技术尚处于发展阶段，但其效能已接近美国能源部（Department of Energy, DOE）所设之目标，若能有效解决光触媒于水分解反应时的稳定性，将会对于目前能源使用与产氢技术带来重大影响。